新能源开发与利用丛书

风力机技术及其设计

［挪］穆易瓦·安达拉莫拉（Muyiwa Adaramola） 主编

薛建彬　张振华　等译

机 械 工 业 出 版 社

本书的主编在风电领域有多年的研究与教学经验,他在阅读了大量文献后，精心选择了 12 篇论文编纂成书，这 12 篇论文构成了本书的 12 章。这些章按其内容被分为了 5 个部分：第 1 部分介绍了与风力发电相关的空气动力学的知识和最新研究成果；第 2 部分讨论了发电机和齿轮系统的相关问题和设计方法；第 3 部分研究了风力机塔架及其基础在应用中出现的问题和应对方法；第 4 部分讲述了风力机中的控制系统，这里讨论了一些新的控制方法，使用这些控制方法可以使风力机的各种性能得以提升；第 5 部分探讨了风力机对环境的影响，这里主要讨论的是风力机产生的噪声污染，书中提供了噪声的分析方法和减小噪声的解决方案。

　　风力发电涵盖技术面广。本书所选取的论文，论述了风力发电中较为主要的问题，同时这些论文也基本代表其学科的最新研究成果与动向。所以通过本书可以较全面地了解到风电行业发展的最新动向与成果。

　　本书适合于风电行业的工程技术人员阅读，也可作为高等院校相关专业师生、研究所风电研发人员的参考资料。

译 者 序

　　风是自然界对人类最初的宝贵馈赠，也是人类最早学会利用的自然资源之一。在现代科学体系形成之前，人类对自然科学的掌握极为有限。但那时，人们就已经学会了让风鼓满船帆，借助自身之外的自然力量在水域中航行。正是由风力驱动的帆船，这看似简单的发明，将人力或畜力难以负担的沉重货物运至远方，使得城邦得以兴起，促进了早期的商品经济发展，推动了社会变革。也正是风力驱动的帆船，载着水手的雄心与好奇跨越广袤的大海，让我们知道地球并非是平的，海洋并非是世界的尽头，并在随后开创了地理大发现时代。除了帆船，人们还发明了风力驱动的风车，这是人类第一次将自然界的能量转化为可以方便使用的机械能。人们利用风车碾磨谷物、排干沼泽或灌溉农田，使生产力发生了一次跨越式的发展。

　　在世界进入第一次工业革命后，人类的知识开始了几何式的快速增长。从第一次工业革命到今天这 200 多年的时间里，人类的科技发展超过了以往数千年的积累。我们可以利用的自然资源种类迅速增长，特别是化石能源成为了工业的命脉。渐渐地，我们将自然界最初的礼物——风，弃之高阁。人类在感慨培根的那句名言——"知识就是力量"的同时也开始变得狂妄，产生了一种错觉，误认为自己是自然的主宰，可以将它征服。然而，今天，我们开始为人类的自负付出代价。工业化带来的环境污染、温室效应、生态失衡、化石能源的枯竭等，无不威胁着我们的生存。这时我们再次想起了自然界的那件礼物——风。

　　在今天看来，相较于我们使用最多的化石能源，风能可再生、获取方便、清洁、安全。对它加以有效利用可以使上述很多问题得以缓解。但今天对风能的利用不会再像数百年前那样让风推动风车碾磨谷物或吹着帆船航行。今天对它的利用主要是将风能转化为电能，从而提供生产生活中最基础的动力。

　　风电行业发展前景广阔，同时融合了大量不同学科的知识，技术涵盖面大。想用一两本书的篇幅将此行业所有技术囊括其中是不现实的。本书是一本论文集，它是 Muyiwa Adaramola 博士在从事多年相关科研和阅读大量文献后，筛选编纂而成。本书篇幅虽不大，但包含风电行业中多个主要方面的内容，如叶片空气动力学的研究和设计、发电机和传动系统的研究、风力机对环境的影响等。同时由于书里的文章来源于论文，所以书中所涉及的内容较为新颖，基本代表了该行业的最新发展动态。阅读本书后可以使我们对风电行业的整体发展概况得以了解，同时也能了解行业中技术的最新发展动态和研究方法。

　　因风电技术跨越多个学科，涉及知识面广（本书中的内容也涉及了多个学科），因此在翻译的过程中遇到了很多困难。虽然查阅了许多相关文献，但对书中大量的跨领域的内容与论述仍可能翻译得不够准确。特别是书中的论文往往是对行业中最新技术的说明，所以很多词汇不能找到统一的中文翻译。译文中的种种不足也望读者多给予批评指正。

在本书翻译的过程中要感谢郑波先生给予的大力帮助，他现任职于施耐德公司，担任项目经理，他也曾在 Vestas 集团有过多年的风电研发与工程经历，他为本书的翻译提供了许多宝贵的基于实际经验的建议。同时也要感谢机械工业出版社的策划编辑顾谦为本书出版所付出的努力。参加本书翻译的有薛建彬、张振华、陈谱滟、陈一鸣、姬雨、廖晓明、张龙、李俞虹、朱恒、梁艳慧、苏文昌、丁霞梅、谢宸伊、宗嘉财、张康宁、夏立超、曹安宁、马永安、李朝辉、房亮、刘晨荣、冯作全、庄登峰、李侃。

张振华

原书前言

本书旨在介绍一些关于风力机设计的基本原理。在不同的章分别讨论了风力机性能的分析方法、风力机的改善途径、故障诊断以及如何调整风力机在使用中出现的不利因素。本书的内容被分为 5 个部分：第 1 部分主要介绍风力机叶片的设计，第 2 部分对发电机和齿轮系统进行了详细的介绍，第 3 部分关注于风力机塔架及其基础的问题，第 4 部分讲述其控制系统，最后一部分讨论了一些风力机在环境方面的问题。

在第 1 章中，详细介绍了风力机叶片设计技术的最新进展。这包括理论上的最大效率、推动力、实际效率、水平轴风力机（HAWT）叶片设计和叶片载荷等。Schubel 和 Crossley 提供了一张风力机叶片的完整设计图，并显示出了水平风轮的优势，而这种风轮几乎为现代风力机所专用。关于现代风力机叶片的空气动力学设计理论已经非常详尽。它包括叶片表面形状/数量、翼面选择和最佳攻角。本章对风力机叶片的负载设计进行了详细的讨论，描述了其在空气动力、重力、陀螺作用和运行等条件下的情况。

Ohya 和 Karasudani 已经开发出了一种新的风力机系统。这种系统是由一个在气流出口外围使用了宽的环形边缘的扩散器护罩和设于其中的风力机所构成（见第 2 章）。这种使用了将扩散器延伸至边缘的带护罩的风力机，已被证明在给定了风力机的直径和风速的条件下，其功率可被扩大到裸露风力机功率的 2~5 倍。这是因为在一个低压区域，由于在宽阔边缘的后面会形成一个很强的涡流，这使得扩散器内的风力机可吸入更多的质量流。

根据生态设计的考虑和绿色制造业的要求，对于生产由复合材料制造的风力机叶片，其成型工艺的选择必须存在一个公共的区域。这个区域是由质量、健康和环境几个方面同时作用、交叉产生的。这个公共区域可通过生态替代使其最大化，以便能最小化对环境和人类健康产生的不利影响。让我们记住这一点，第 3 章（由 Attaf 所著）关注于使用树脂转换模塑法（RTM）的封闭式模具制作过程。之所以要选择树脂转换模塑法，是因为这种方法有助于减少像苯乙烯蒸气这类挥发性有机化合物（VOC）的排放。并且我们希望风力机叶片产品能同时达到高质量，有良好的机械性能，低成本和完全避免半壳结合操作，而树脂转换模塑法为此提供了工业解决方案。除了这些优点外，可持续发展问题和生态设计要求依然是要被解决的主要问题。而这是在分析了新规范和环境标准的可接受程度后得到的。这些规范和标准促成了复合材料的风力机叶片的绿色设计方法。

第 4 章，由 Carrigan 和他的同事所著，旨在介绍和论证一种优化垂直轴风力机（VAWT）翼型截面的全自动化过程。这是为了当实施标准的风力机设计而受限于叶尖速度比、风轮实度和叶片轮廓时，能最大化转矩。在固定风力机的叶尖速度比的情况下，存在一个翼型截面和一个风轮实度，可使转矩最大，这需要开发一种迭代设计系统。最大转矩所需的设计系统融合了快速几何形状生成和自动化混合网格生成工具，其具有黏性的、不稳定的计算流体动力学（CFD）仿真软件。模块化设计和仿真系统的灵活性及自动化特点，可以使它很容易与并行微分进化算法相结合，这种算法可用于获得优化的叶片设计。而这种设计可以最大化风力机效能。

在第 5 章中，Habash 和他的同事对使用感应发电机以增强小型风能变换器（SWEC）的效果，进行了理论和实验评估。使用这种发电机后，小型风能变换器的工作更加有效，因此在风力机所占的单位面积内能产生更多的能量。为证明小型风能变换器的性能，建立了一种模型，在一定的运行条件下进行仿真和实验测试。若感应发电机具有辅助绕组，它和定子主绕组间只有磁耦合，其结果证明在使用了这种感应发电机后可以显著增加输出功率。它同时也显示出，在使用了这种新技术后，感应发电机的性能得到显著提高。这主要表现在抑制信号畸变、谐波、严重的电阻损耗、过热，改善功率因数和开始时的电流涌入等。

齿轮箱是风力机系统中一个非常昂贵的组件。为了能完善设计并增加长期的稳定性，需关注利用时域进行仿真，以预测齿轮箱的负载设计。第 6 章，由 Dong 和其同事所完成。在这一章中，有三个时间域上的问题是在动态条件下，基于齿轮接触的疲劳分析来讨论的：①在低风速条件下，转矩反向问题；②统计不确定性效应归因于时域仿真；③简化了在动态条件下齿轮的接触疲劳分析。这里提出了一些应对这些问题的建议。而这些建议是基于美国国家可再生能源实验室（NREL）的750kW 陆基“齿轮箱可靠性综合项目”（GRC）⊖风力机所提出的。

利用恰当的振动系统模型和分析，像塔架、传动系统、大型风力机的风轮这样的关键组件的初发故障是可以被发现的。在第 7 章中，Guo 和 Infield 将非线性状态估计技术（NSET）应用于建模塔架振动中得到了很好的效果。这有助于理解塔架振动的动态特性以及主要的影响因素。成熟的塔架包括两个不同的部分：一个是用于低于额定风速的子系统，另一个是用于高于额定风速的子系统。一组数据采集和监控系统（SCADA）的数据被用于建模，而这组数据是从 2006 年的 3 月到 8 月在一个单独的风力机上采集到的。模型的校验在随后被提出和实施。这个研究证明了非线性状态估计技术处理塔架振动时的效果；特别是，它概念简单，物理解释清晰并且准确性高。随后一种成熟的、经过验证的塔架振动模型被成功地用于检测叶片角的非对称性。而叶片角非对称是一种常见的缺陷，为了改善风力机性能和限制疲

⊖ GRC 为美国国家可再生能源实验室（NREL）的一个有关风电的实验项目（http://www.nrel.gov/wind/grc - research.html）。——译者注

劳性损坏，就需要马上弥补这种缺陷。振动信号可通过分析其他相关的 SCADA 数据（例如功率系数、风速和风轮负荷）来加以完善。这个工作也表明，若信息是来自于上述这样的振动信号，则监控状态可以得到显著的改善。

当风力机的尺寸增加并且它们的机械部件被造得更轻时，结构载荷的减小就变成了风力机控制以及最大化捕获风能所要面对的最大任务。在第 8 章中，Park 和 Nam 提出了一套独立集合算法和独立变桨距控制算法。两种变桨距控制算法都使用了 LQR 控制技术。这种技术使用了积分作用（LQRI），并利用卡尔曼滤波器来估计系统状态和风速。在这一领域相较于以前的工作，作者的变桨距控制算法可以在同一时刻控制风轮转速和叶片转矩。当可以同时分别进行单独变桨距控制和统一变桨距控制时，这种算法可以改善风轮转速管理和负载减小间的平衡问题。仿真结果显示这种推荐的统一和独立变桨距控制器达到了非常好的风轮转速管理效果，并且显著地减小了叶片弯矩。

第 9 章由 Vidal 和其同事所完成。在这一章中，考虑了在高风速环境下，变速、变桨距、水平轴风力机的发电控制。提出了一种动态颤振转矩控制和一种比例积分（PI）变桨距控制策略，并且验证使用了美国国家可再生能源实验室的风力机仿真 FAST（疲劳、空气动力学、结构和湍流）代码。验证结果显示所提出的控制器在功率调节方面有效。并且它在湍流风况下对于所有其他的状态变量（风力机和发电机转速；控制变量平稳和充分的演变）展示出了较高的性能。为强调所提出方法对问题的改善，将这种控制器与以前发表的相关研究进行了比较。

第 10 章由 Diaz de Corcuera 和其同事完成，认证了一种多变量和多目标控制器的设计策略。这种控制器是基于 H_∞ 标准在风力机中的简化应用。风力机模型在风力机设计软件 GH Blade 中已很成熟，并且它是以"迎风欧洲"（Upwind European）工程中所定义的 5MW 风力机为基础的。所设计的控制策略工作于高于额定发电区域，并且可以进行发电机转速控制以及可以在驱动机构和塔架上减小负载。为达到上述目标，发展出了两种鲁棒性 H_∞ 多输入单输出（MISO）控制器。这些控制器产生总体桨距角和产生转距设定点变量以达到强制控制的目标。所使用的线性模型生成于 GH Bladed 4.0，但是控制设计方法学与任何获得于其他的模块化程序包的线性模型可以一起使用。控制器通过设定混合灵敏度问题进行设计，在这里一些陷波滤波器也被包含到控制器特性中。所得到的 H_∞ 控制器在 GH Bladed 中已经过了验证并且对其进行了详尽的分析，以便能计算出在风力机组件上疲劳负载的减小，同时也分析了在一些极端情况下负载的减小。在分析中，将本章提出的基于 H_∞ 控制器的控制策略与一种基本控制策略进行了比较。这种基本控制策略设计用于典型控制方法，并实施于以往的风力机中。

电磁干扰（EMI）既可以影响兆瓦级风力机，同时也可被其发射。在第 11 章中，Krug 和 Lewke 给出了在兆瓦级风力机上有关电磁干扰的概述。指出了测量所有类型电磁干扰的可能性。这里对安装在兆瓦级风力机上的发射器所产生的电磁场进行了详细的分析。这种蜂窝系统是作为实时通信链路在工作的。矩量法被用于分析描述电磁场。利用一种商业仿真工具，电磁干扰将在给定的边界条件下进行分析。以辐射方向图为基础，对不同的发射器的设置位置进行了评判。本章描述并考虑了主要的电磁干扰机制。

随着全球对可持续化发展的推动，使得相较于煤及化石燃料，人们对可再生能源有了更大的兴趣。其中一种可持续的能量来源就是通过风力机从风中获取能量。然而一个使风力机不能广泛应用的重要障碍就是风力机自身产生的噪声。由 Jianu 和其同事所著的第 12 章，回顾了在风力机产生的噪声领域近年来所取得的进展。迄今为止，有了很多不同的噪声控制研究。然而噪声源多有不同，其中主要的一个来源是气动噪声。气动噪声最大的提供者是风力机叶片后缘。当前对于减小风力机噪声，以及针对于减小风力机叶片后缘产生的噪声有着一些不同的方法和研究。本章的目的是批判性地分析和比较这些方法及研究。

目　录

第1部分

空气动力学

第1章
风力机叶片设计

Peter J. Schubel，Richard J. Crossley

1.1 简介

在数百年前，人们就开始利用风车这种具有历史意义的设计，从风中获取能量。风车是由木头、布和石头建造而成的。它被用于抽水或磨玉米。历史上的风车通常巨大、笨重而且低效。在19世纪风车被使用化石燃料的发动机所取代，并由此而实现了将电力网络分布到广阔的区域中。但随着对空气动力学认识的深入和在材料科学上的进步，特别是高分子聚合物的发明，使得在21世纪后半叶人们重新开始从风中获取能量。今天的风能设备一般用来生产电力，通常称其为风力机。

风轮轴和转动轴线的方向决定了风力机的第一级分类。若风力机的轴与地面相平行，则称其为水平轴风力机（HAWT）。垂直轴风力机（VAWT）的轴则垂直于地面（见图1-1）。

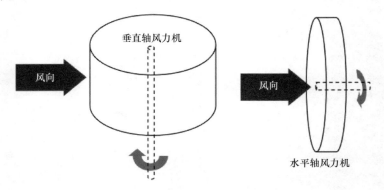

图1-1　轴和风轮方向的两种结构

这两种类型的风力机结构从其风轮设计上可以马上分辨出，它们具有各自不同的优势[1]。垂直轴风力机主流发展的中断可归因于其较低的叶尖速度比和难以控制风轮的速度。垂直轴风力机起动的困难性也阻碍了它的发展，相信直到今天也无法使其做到自起动[2]。然而，垂直轴风力机面对风和沉重的发电机设备不需要其他额外的机械装置就能安装在地面上。因此，这种结构减轻了塔架的负担。所以对于未来的发展，我们不会完全无视垂直轴风力机。目前，一种新型的 V 形垂直轴风力机的风轮设计正在研究中，它正是利用了垂直轴风力机的优良特性[3]。这种设计在兆瓦规模环境下并未经过验证，还需要经过若干年的发展才能使其具有竞争力。此外，关于可替代性设计的问题，水平轴风力机的普及可归因于它可以通过桨距控制和偏航控制来增强风轮控制。因此，水平轴风力机作为主流的设计结构而崭露头角。并且在今天，它被所有主要的大型风力机厂商所采用。

1.2　理论最大效率

风轮效率高有助于捕获风能，并且应尽可能在可负担的产生范围内将其最大化。由流动的空气所携带的能量（P）被表示为流动空气的动能之和，见式（1-1）。

$$P = \frac{1}{2}\rho AV^3 \tag{1-1}$$

式中，ρ 为空气密度，A 为扫略面积，V 为气流速度。

对于可提取的能量大小有物理限制，而这不依赖于设计。风能的捕获是在流动空气的动能减小及随后风速减小这样的过程中维持的。能量利用的大小存在一个公式，这个公式和通过风力机的空气流速的减小有关。100% 的能量捕获意味着最终空气流速为零以及空气的零流量。零流量情境不可能实现，因此利用风所有的动能是不可能的。这个原理被广泛地接受[4,5]，并且这个原理表明风力机的效率不可能超过 59.3%。这个参数就是通常所知的风能利用系数（C_p），这里 C_p 的最大值是 0.593，它被称为贝兹极限（Betz limit）[6]。贝兹理论假设气流有恒定的线速度。因此，任何旋转力，例如尾流旋转，阻力引起的湍流或涡旋脱落（叶尖损失），将进一步减小最大效率。而通常能减小效率损失的因素如下：

- 避免较低的叶尖速度比，它会增加尾流旋转；
- 选择的翼面具有较高的升阻比；
- 专门的叶尖几何形状。

可以在参考文献［4，6］中找到深入的解释和分析。

1.3　推动力

推动风轮旋转的方法能在很大程度上影响到风轮可实现的最大效率。历史上最常使用的方法是利用阻力推动风轮旋转。这种方法让风轮的帆面与风向垂直，依靠在盛行风⊖方向上的阻力（C_d）来产生动力。由于推动帆的力和旋转方向与风向一致，这种方

⊖　盛行风指在一个地区某一时段内出现频数最多的风或风向。——译者注

法的效率不高；所以，当风轮的转动速度增加时，相对风速会减小（见表 1-1）。

表 1-1 两种推动力装置的比较

推动力	阻力	升力
示意图		
相对风速	= 风速 – 叶片速度	$= \sqrt{\dfrac{2}{3}风速^2 - 叶片速度（dr）?}$
最大理论效率	16%[4]	50%[6]

转回来的帆面常常处于相对而来的风中，这使得转回来的帆面在风中产生的阻力使这种方法的效率进一步地降低。这种方法的改进设计是依靠弧形的叶片，它在逆风转动时具有较小的阻力系数。并且这种设计的优点是它可以在任何方向的风中工作。在今天，可以看到这种阻力差风轮被应用于杯形风速表和通风罩上。然而，它们是低效的功率生产者，因为它们的叶尖速度比不能超过 1[4]。

另一种可选择的推动风轮的方法是利用气动升力（见表 1-1）。这种技术被应用于风车和随后的老式飞机中，超过了 700 年的时间。而在这期间，对这种方法一直没有给出精确的理论解释。今天，由于其在数学分析中的复杂性，使得它的空气动力学特性已经变成了它自身的一个主题。日益复杂的有关解释升力是如何产生及对其预测的大量定理已经出现。空气动力是由叶片翼面上的气流所产生的压力和表面摩擦综合影响的结果[7]。它被认为是翼面空气改变方向（也就是气流下洗）所产生的合力[8]。对于风力机风轮最为重要的是，在各种角度的狭窄通道中，可以产生垂直于风向的气动升力。这表明风轮在任何转速下，相对风速不减小（见表 1-1）。

对于升力推动风轮（见表 1-1），空气冲击叶片的相对速度（W）是一个有关半径处的叶片速度和约为 2/3 风速的函数（贝兹理论）[4]。相对气流以这个速度和依赖于此速度的入射角（β）到达叶片。叶片和入射角间的夹角被称为攻角（α）。

1.4　实际效率

在实践中，风轮的设计会因受到以下的轻微损失而形成累积损失：

- 叶尖损失；
- 尾流效应；
- 传动系统效率损失；
- 叶片形状简化损失。

因此，最大理论效率还尚待实现[9]。在过去的数个世纪中出现过许多种设计。并且其中的一些在表 1-2 中很容易被辨别。最早的设计——波斯风车，利用阻力，并借助由木头和布制作的帆来工作。波斯风车与现代的萨渥纽斯风轮非常相似（见表 1-2，第 1种）。这种风轮可在现在的通风罩和旋转广告标志中看到。与其大体类似的设计是杯形阻力差风轮（见表 1-2，第 2 种）。这种装置可在今天被用于测量风速的风速表上，主要是因为这种装置易于校准，并且能在不同的风向下工作。美国农场风车（见表 1-2，第 3 种），它是一种具有大转矩升力和高风轮实度⊖的早期设计，今天仍在用它进行抽水。荷兰风车（见表 1-2，第 4 种）是另一种早期升力型风车的例子。它被用于研磨谷物，现在它已从主流的应用中消失，但也有少量的荷兰风车作为旅游景点被保留了下来。达里厄垂直轴风力机（见表 1-2，第 5 种）具有现代空气动力学的翼型叶片设计。人们对这种风力机有着广泛的研究，并且随着近期的发展，可以看到这种类型的风轮再次出现[2,3]。尽管如此，至今，这种风力机设计仍然不能和现代的水平轴风力机相比。由于三叶片翼型风力机（见表 1-2，第 6 种）具有高效能和易于控制的特点，它已经变成了风力机工业的标准。随着国际供应链建立的完善，可以预见这种风力机在未来的统治地位。

表 1-2　现代及历史上的风轮设计

序号	设计	风力机类型	应用	推动力	峰值效率①	图示
1	萨渥纽斯风轮	垂直轴	从历史上的波斯风车到今天的通风设备	阻力	16%	
2	杯形	垂直轴	现今的杯形风速表	阻力	8%	

⊖　风轮实度是指风力机叶片在风轮旋转面投影的总面积与风通过风轮面积（风扫掠面积）之比。——译者注

（续）

序号	设计	风力机类型	应用	推动力	峰值效率①	图示
3	美国农场风车	水平轴	从18世纪到今天，在农场中用于抽水、研磨谷物、发电	升力	31%	
4	荷兰风车	水平轴	16世纪用于研磨谷物	升力	27%	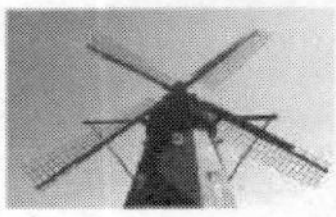
5	达里厄风轮（打蛋器）	垂直轴	20世纪用于发电	升力	40%	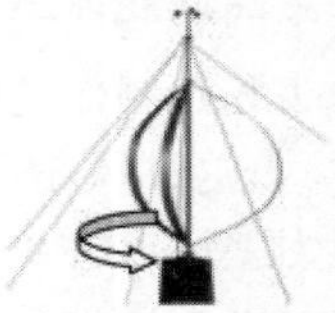
6	现代风力机	水平轴	20世纪用于发电	升力	叶片数量 / 效率 1 / 43% 2 / 47% 3 / 50%	

① 峰值效率取决于设计，所引用的值是到目前为止设计的最大效率[1]。

1.5　水平轴风力机的叶片设计

现在对于水平轴风力机的关注，是由于它在风力机工业中的统治地位。叶片形状和设计的很小改变都会对水平轴风力机造成很大的影响。本节简要讨论了影响水平轴风力机叶片性能的主要参数。

1.5.1　叶尖速度比

叶尖速度比被定义为风轮叶片速度和相对风速间的关系。叶尖速度比是有关优化风轮尺寸中最重要的设计参数，它的计算如下：

$$\lambda = \frac{\Omega r}{V_w} \tag{1-2}$$

式中，λ 为叶尖速度比，Ω 为转速（rad/s），r 为半径，V_w 为风速。

在选择适当的叶尖速度比时，效率、转矩、机械应力、空气动力特性和噪声等方面应当被考虑到（见表1-3）。可以通过使用较高的叶尖速度比来提高一台风力机的效率[4]，然而当考虑到增加叶尖速度比带来的一些负面因素时，如增加噪声、空气动力的应力和离心力等，这种方法并不会对效率带来显著的提高（见表 1-3）。

表1-3　叶尖速度比设计考虑因素

叶尖速度比	低	高
数值	叶尖速度比在 1~2 时被认为是低的	叶尖速度比大于 10 时被认为是高的
应用	传统的风车和抽水	主要是单叶或双叶的技术原型
转矩	增大	减小
效率	下降明显低于 5，由于高转矩会产生旋转尾流[4]	在 8 后无显著增加
离心力	减小	按转速的 2 次方增加[4]
气动力	减小	与转速成比例关系减小
风轮实度面积	增加，要求 20 个以上的叶片	显著减小
叶片外形	大	很窄
空气动力学	简单的	苛刻的
噪声	接近 6 次方的速度增加[4]	

欲获得较高的叶尖速度比就需要减少叶片翼型的弦宽度○，以至形成狭长的叶片外形。这样可以节约材料，降低制造成本。离心力和气动力的增加与较高的叶尖速度比有密切联系。这些力增加就意味着难以保证结构的完整性并难以避免叶片故障。当叶尖速度比增大时，叶片的空气动力学设计就变得越来越重要。设计用于较高相对风速的叶片在较低速度下会产生最小的转矩。这导致了相应的风力机有较高的切入风速[10]并且难以自起动。噪声的增加也与叶尖速度比增大有关。气动噪声会以接近 6 次方的速度随叶尖速度比的增大而增大[4,11]。现代的水平轴风力机中，两叶片的风轮通常使用 9~10的叶尖速度比；三叶片的风轮通常使用 6~9 的叶尖速度比[1]。我们发现使用上述叶尖速度比可有效地将风动能转化为电能[1,6]。

1.5.2　叶片的平面形状和数量

水平轴风力机风轮叶片的理想平面形式，是利用叶素动量（BEM）方法，通过贝兹极限、局部气流速度和翼型升力计算出弦长而确定的。有一些定理是关于计算最优弦长的，这些计算很复杂[1,4,10,12]。其中最简单的是建立在贝兹最优理论上的 ［见式(1-3)][1]。对于叶尖速度比为 6~9 的叶片，若具有可忽略其阻力和叶尖损失的翼型截面，那么贝兹动量理论可以给出很好的近似[1]。在低叶尖速度比的实例中，高阻力翼型截面和叶片截面围绕着轮毂，这种方法可能是不正确的。在这种情况下，尾流损失和阻力损失应当被考虑[4,12]。贝兹方法给出了现代风力机叶片的基本形状（见图 1-2）。然而，

○　弦宽度为叶片截面前后缘间连线长度。——译者注

在实践中，会经常使用更先进的优化方法[12-14]。

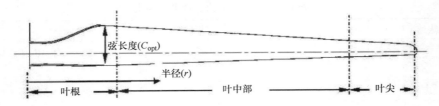

图 1-2 典型的风力机叶片平面图和区域划分

$$C_{opt} = \frac{2\pi r}{n} \frac{8}{9 C_L} \frac{U_{wd}}{\lambda V_r}, \ V_r = \sqrt{V_w^2 + U^2} \qquad (1-3)$$

式中，r 为半径（m），n 为叶片数量，C_L 为升力系数，λ 为当地的叶尖速度比，V_r 为当地气流合成速度（m/s），U 为风速（m/s），U_{wd} 为设计风速（m/s），C_{opt} 为最优弦长。

假设具有一个合理的升力系数，利用叶片最优化算法得到的叶片平面主要依赖于设计叶尖速度比和叶片的数量（见图 1-3）。为低叶尖速度比设计的风轮具有较高的风轮实度，这个值是叶片面积与风轮扫掠面积的比值。减小风轮实度可以有效地减少材料的用量，从而缩减成本。因此，这个问题就与高叶尖速度比有关（见 1.5.1 节）。

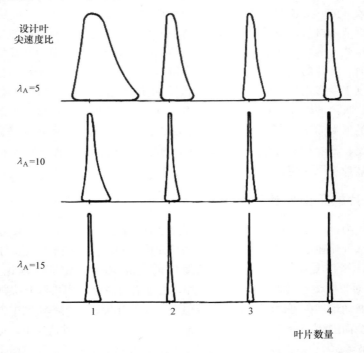

图 1-3 不同叶尖速度比和叶片数量时所对应的最优叶片平面形状[1]

在实践中，通常会简化弦长以便于生产。这种简化涉及一些增加弦长时的线性化问题（见图 1-4）。相应的损失意味着，这种简化可通过显著地缩减成本来证实其合理性。

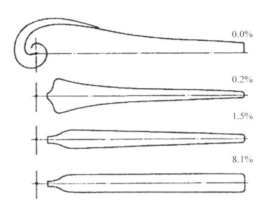

图 1-4　简化为理想弦长导致的效率损失[15]

在效率方面，对于最佳弦尺寸［见式（1-3）］，叶片的数量可以忽略不去考虑。然而，在实际情况中，当考虑损失时，与三叶片相比，两叶片设计产生 3% 的损失，单叶片产生 7% ~ 13% 的损失[6]。一种四叶片的设计可使边际效率增加，而它未被证明需要额外的叶片生产成本。当选择了适当的叶片数量后，风力机塔架的负荷也应当被考虑[6]。四叶片、三叶片、两叶片和单叶片设计会各自导致动态负荷的增加[16]。

风力机巨大的尺寸和其所在的位置会给人强烈的视觉冲击，所以它给人的视觉影响是应当被考虑到的。据说三叶片的设计在转动过程中会显得流畅平滑。因此，它更能给人带来审美上的愉悦感。更快的单叶片和两叶片的设计在转动过程中会有明显的急跳动作[1]。当三叶片风轮安装到固定位置时，被认为会显得更有序[17]。

1.5.3　配置

一种有可以同时减少风轮机舱重量和制造成本的方案是使用较少数量的叶片[16]。然而，极性非对称风轮的结构动态特性和平衡困难性也是显而易见的[16]。对于单叶片和两叶片风轮，增大的磨损、低劣的审美特性和鸟类保护等问题都需要考虑到[17,18]。在满足环境、商业和经济的共同制约的情况下，三叶片风力机（见图 1-5）作为最有效的设计被广泛使用（见表 1-4）。因此，在今天的大型风力机行业中它也占据着统治地位。现代的商用风力机包括有复杂的控制系统和安全系统、远程监控以及防雷设施（见表 1-5）。

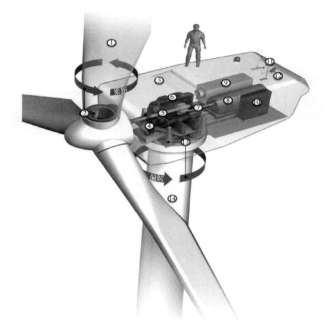

图 1-5　一台现代大型风力机的典型结构[⊖]（www. desmoinesregister. com）

⊖　图 1-5 中风力机的构成如下：

① 风轮：风轮是由安装在轮毂上的叶片所构成。叶片的形状像飞机的机翼，并且利用升力原理将风能转化为机械能。叶片的长度可以达到 150ft（1ft = 0. 3048m），这相当于半个足球场的长度。

② 变桨距驱动器：当风力变得过强时，叶片可被旋转以减少总的升力。

③ 机舱：风轮与机舱相连接。机舱位于塔架的顶部并且在其内部装有多种部件。

④ 制动：机械制动可作为叶片桨距制动效果的后备，或作为维护用停车制动。

⑤ 低速传动轴：连接到风轮。

⑥ 齿轮箱：与风轮连接的低速轴的速度范围是从大型风力机上的 20r/min 直到住宅单元风力机上的 400r/min。大部分生产电力的发电机需要传动齿轮将速度增加到 1200 ~ 1800r/min。一些小型风力机使用直接驱动系统，这样就不再需要齿轮箱。

⑦ 高速传动轴：连接到发电机。

⑧ 发电机：将风轮产生的机械能转化为电能。不同的设计会分别产生交流电或直流电。这些电能可能会被用于附近的设备，存储于蓄电池或传送到电网上。

⑨ 热交换器：用于冷却发电机。

⑩ 控制器：一种计算机系统，会在风力机起动或停止时进行自诊断测试，并能在风速改变时对风力机进行调整。操作人员可以远程运行系统检测，以及通过调制解调器输入新的参数。

⑪ 风速表：测量风速，并将其数据发送到控制器上。

⑫ 风向标：探测风向，并将其数据发送到控制器上。之后控制器会调整"偏航"，或者说调整包括风轮和机舱的头部。

⑬ 偏航驱动：保持风轮面向风。

⑭ 塔架：因为在高处风速会增加，所以越高的塔架可使风力机获得越多的能量。

表 1-4 风力机尺寸和重量配置的选择

风力机名称	桨距（P）或失速（S）	风轮直径/m	叶片数量	机舱和风轮重量/kg	单位扫掠面积重量/（kg/m²）
Mitsubishi MWT-1000（1MW）	P	57	3	未指明	未指明
Nordex N90（2.3MW）	P	90	3	84500	13.3
Nordex N80（2.5MW）	P	80	3	80500	16
Repower 5M（5MW）	P	126	3	未指明	未指明
Siemens SWT-3.6-107（3.6MW）	P	107	3	220000	24.5
Siemens SWT-2.3-93（2.3MW）	P	93	3	142000	20.9
Gamesa G90-2MW（2MW）	P	90	3	106000	16.7
Gamesa G58-850（850kW）	P	58	3	35000	13.3
Enercon E82（2MW）	P	82	3	未指明	未指明
GE wind 3.6sl（3.6MW）	P	111	3	未指明	未指明
Vestas V164（7.0MW）	P	164	3	未指明	未指明
Vestas V90（2MW）	P	90	3	106000	16.7
Vestas V82（1.65MW）	P	82	3	95000	18

表 1-5 典型 2MW 风力机技术参数

风轮	
直径	90m
扫掠面积	6362m²
转速	9～19r/min
转动方向	顺时针（从前面观察）
重量（包括轮毂）	36t
头部重量	106t
叶片	
数量	3
长度	44m
翼型	Delft 大学和 FFA-W3

（续）

材料	预浸环氧玻璃纤维 + 碳纤维
重量	5800kg

塔架

管式模块化设计	高度	重量
3 节	67m	153t
4 节	78m	203t
5 节	100m	255t

齿轮箱

类型	1 行星级，2 螺旋级
变速比	1:100
散热	油泵与油冷却器
油加热器	2.2kW

2.0MW 发电机

类型	双馈电机
电压	AC690V
频率	50Hz
转速	900～1900r/min
定子电流	1500A（690V 时）

机械设计

由两个球面轴承支承的主轴传动系统，通过轴承箱直接将侧向负荷传递到框架上

制动器

利用一个辅助液压盘式制动的全顺桨空气动力制动在紧急情况下使用

防雷

依照 IEC 61024 – 1 标准，导体直接将雷电从叶尖两侧引导至根部连接处，并从这里通过机舱和塔架引入位于地基的接地系统。因此，叶片和敏感的电器组件得以被保护

控制系统

发电机是双馈电机（DFM），它的速度和功率通过 IGBT 和脉宽调制（PWM）的电控方式来进行控制。星地协作网络为风力机、气象塔和变电站的实时操作和远程控制提供了方便。TCP/IP 架构具有网络接口。预测维护系统被用于早期检测风力机主要部件的潜在老化或故障

1.5.4 空气动力学

空气动力学性能是设计高效能风轮的基础[19]。风力机所产生的能量是由气动升力所提供的，因此有必要通过适当的设计使这种力最大化。有一种对抗阻力的力，它会阻

碍叶片的运动。这种力也会由摩擦力所产生。必须要减小这种力。那么，很显然，叶片翼型的截面应具有大的升阻比［见式（1-4）］。在设计风轮叶片时通常会选择大于 30[20] 的升阻比[19]：

$$升阻比 = \frac{升力系数}{阻力系数} = \frac{C_L}{C_D} \qquad (1\text{-}4)$$

我们可以免费获得类似 XFOIL[21] 这样的软件。这类软件可在除去过失速、过度攻角和翼面厚度的条件下对叶片翼型进行精确的模拟。虽然有这样的软件，对叶片翼型的升力和阻力系数的数学预测依然是有困难的[22,23]。传统上，在给定攻角和雷诺数[24]后，使用有关升力和阻力的表格对翼面进行测试。历史上的风力机翼面设计曾来自于飞机技术，并使用相似的雷诺数和相似的适应于叶尖条件的截面厚度。然而，对风力机具体的翼面外形应予以具体的设计考量，这是由于工作环境和机械负荷的不同造成的。

污垢对飞行器翼面的影响可以不被考虑，因为在它们飞行的海拔，昆虫和其他一些微粒可以被忽略。而风力机长期在地平面附近工作，这里聚集的大量昆虫和灰尘颗粒是一个问题。这些聚集物被认为是一种污染，它会对升力的产生形成不利的影响。因此，在具体的风力机翼面设计中就要降低其对这种污染的敏感度[25]。

根据风力机叶片的结构要求，意味着厚度与弦长之比较大的翼面形状被用在叶根部区域。这样的翼面形状几乎不会用在航空工业中。厚的翼型截面，其升阻比通常较小。所以在设计风力机叶片时应特别考虑提升厚翼型截面的升力[25,26]。

美国国家航空咨询委员会（NACA）4 位数和 5 位数翼型设计○被用于早期的现代风力机上[1]。NACA 翼型的截面几何形状可通过数字分类显示出来。在表示 NACA 翼型的数字中，第 1 位数字指的是弯度与弦长之比的最大值；第 2 位数字是最大弯度的位置（数值表示在弦的第几个十等分处）；第 3 位和第 4 位数字表示最大厚度和弦长的百分比[24]。一些风力机具有特殊的翼型，例如 Delft 大学[23]、LS、SERI – NREL、FFA[6] 和 RISO[26] 这些品牌的风力机。这些具有特殊翼型的风力机的出现，为风力机行业中的特殊需求提供了有针对性的替代品。

攻角是相向而来的气流与翼面弦线间的夹角，并且 C_L 和 C_D 所引用的数值都是相对于攻角的。在整个叶片的长度上使用单一的翼型是一种低效的设计[19]。叶片上的每个部分都具有不同的相对空气速度，有不同的结构要求。因此，叶片上不同部分的翼型应有相应的调整。在叶片的根部，这里截面的最小厚度较大，这是加强叶片负载能力的关键，这也导致了叶片在这部分有较厚的侧面外形。在靠近叶片尖部的地方，其负载减小并具有更高的线速度和对气动特性更为苛刻的要求，为满足这些叶片，这里的截面形状也逐渐变薄。很显然，在考虑到气流速度和结构负载时，叶片不同区域对其翼型的要求也是不同的（见表1-6）。

○ NACA 开发了一系列的翼型，称为 NACA 翼型，并通过 "NACA" 后跟 4~6 位数字的方式为其命名。每位数字有其特定的含义。——译者注

表 1-6 叶片区域对翼型的要求

参数	叶片位置（见图 1-2）		
	叶根	叶中部	叶尖
厚度与弦长比（%）（[d/c]，图 1-2）	>27	27~21	21~15
结构负载要求	高	中	低
几何协调性	中	中	中
最大升力对前缘粗糙度的不敏感性		高	
设计升力与最大升力偏差		低	中
最大 C_L 和过失速状况		低	高
低翼型噪声			高

在设计风力机叶片的过程中一种被称为失速的空气动力学现象应被谨慎对待。失速出现的典型状况是，在翼型的设计中有大角度的攻角。边界层在叶尖处分离，而不是沿着翼面进一步向下，这导致尾流溢出上表面，从而大大降低了升力，增加了阻力[6]。在飞行中出现失速的情况是很危险的，并且通常要避免这种情况的发生。然而对于风力机，可利用失速来限制最大功率输出以防止发电机过载。也可以在极端风速下或偶然出现大风时避免风力机叶片承受过大的力。因此，最好不要产生猝发性的失速状况，因为这样会使风力机叶片的翼面产生过多的动力和振动[1]。

叶片对污物的敏感度、非设计工况（包括失速和结构上的厚截面）是特定风力机翼型发展的驱动力[1,26]。使用具有优秀力学特性的现代材料，或许可以使叶片叶根部分有更薄的截面结构，并能增加升阻比。更薄的截面也使我们有机会通过减小阻力来提升效率。更薄翼型截面的更高的升力系数，反过来可使弦长缩短、材料使用减少［见式(1-3)］。

1.5.5　扭转角

翼面截面所产生的升力，是一个有关翼面与流入气流所形成攻角的函数（见 1.5.4节）。气流的流入角取决于风轮特定半径下的转速和风速。所需的扭转角依赖于叶尖速度比和期望的翼面攻角。通常在风轮轮毂外的翼面部分与风成一定的角度，这是由于风速与叶片径向速度之比较大。与此相反，叶尖可能与风几乎垂直。

叶片上的总的扭转角或许减少了，这就简化了叶片的形状，降低了制造成本。然而，这可能迫使翼面工作在低于最佳攻角的情况下，这样升阻比就减小了。这种简化应在考虑到风力机性能的总体损失后进行适宜的调整。

1.5.6　非设计工况和功率调节

早期风力机中的发电机及齿轮箱技术要求叶片以固定的转速旋转。因此，除了在额定的风力条件下，运行于任何非设计的叶尖速度比的情况下都会使效率下降[1]。对于大型的现代风力机这已不再适用，有人提出了未来的风力机中也许不会再有齿轮箱[27]。今天，固定速度风力机的使用被限制在更小的设计中，因此相应的由非设计工况产生的困难可被忽略。

设计风速被用于风力机叶片的最佳尺寸的制定，而它又依赖于对当地风速的测量。然而，任何一个地方的风况都是多变的。所以风力机就必须工作在非设计工况中，这也包括风速大于额定值的情况。因此必须实施一种限制转速的方法，以避免叶片、轮毂、齿轮箱和发电机超负荷。在较低的额定风速下，也要求风力机能保持一个合理的高效能。

由于相向而来的风速直接影响着在叶片之上合成气流的入射角度，叶片的桨距角必须相应改变。这就是所谓的变桨距，它保持了翼面上的升力。通常在叶片的整个长度上，会通过轮毂的机械扭转来改变叶片的角度。在风速小于设计工况的时候这种方法对增加升力是非常有效的。这种方法也用于避免风轮的超速。而风轮的超速会导致发电机的超负荷，或者在叶片承受过多负担时带来灾难性的后果[1]。

有两种变桨距的方法被用于减少升力，并因此而减少风速过大时风轮的旋转速度。第一种，通过减少桨距角来减少攻角，最终使产生的升力降低。这种方法就是所谓的顺桨。另一种可选择的方法是通过增加桨距角来增加攻角，到达一个临界极限引起失速并降低升力。顺桨要求叶片在变桨距中进行最大幅度的机械运动。然而，当失速可以引起过多的动力载荷时，它仍然是可以接受的。这种负载是由被叶片分开的气流所带来的不可预知的结果，它也可能带来不受欢迎的振动[1]。

在设计中，可通过风轮叶片上所谓的被动失速控制，来利用失速状态限制速度[1]。增大的风速和风轮速度会产生一个引发失速的角度，从而自动限制了风轮的速度。在实践中精准的确保失速的发生是很困难的，通常会有一个安全余量。对安全余量的使用表明常规运行是在最佳条件性能下进行的，因此这种方法仅被用于小型风力机中[28]。在轮毂上的全叶片顺桨变桨距，被今天大部分的风力机市场领导者所采用（见表1-4）。顺桨变桨距可对完全变桨距至停车配置状态的叶片提供更好的性能和灵活性。据报道生产厂商采用了统一变桨距[29]，在这里所有的叶片通过变桨距调至相同的角度。然而，可发现通过独立变桨距能进一步减小负载[30]。这要求在大多数的设计中不能有过多的装置，并希望其能被广泛采用[29,30]。

1.5.7　智能叶片设计

在叶片的设计中，当前有种研究趋势被称为"智能叶片"。这种叶片能根据风况改变它们的形状。在叶片设计的这个范畴内有很多的方法既关乎气动操控面，又涉及智能执行机构的材料。Barlas 对这个主题进行了大量的讨论[31]。在这种研究后出现的驱动器会限制最终（极限）负载和疲劳负载，或减小动能获取。这项研究主要开始于类似直升机控制的概念，并且很多的风能研究机构也对它进行了研究。在"Upwind European"框架计划里的工作项目中，"智能风轮叶片和风轮控制"、大型海上风力机的智能气动控制项目和丹麦项目"ADAPWING"都涉及智能风轮控制的主题。在国际能源署的框架下，分别由 Delft 大学和桑迪亚国家实验室举办了两场"大型风力机风轮智能结构应用"的专家会议。会议过程中出现了各种主题、方法和解决方案，这反映了当前正在进行的研究[32,33]。

在气动控制方面的应用包括副翼式襟翼、弯度控制、主动扭转和边界层控制。图1-6和图1-7显示了基于概念的各种气动控制面的气动性能（升力控制能力）对比图。

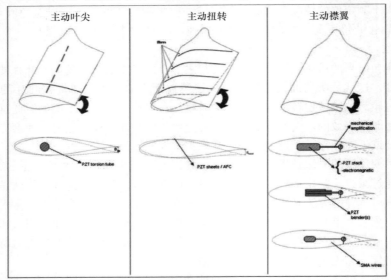

图 1-6　智能结构概念的原理图

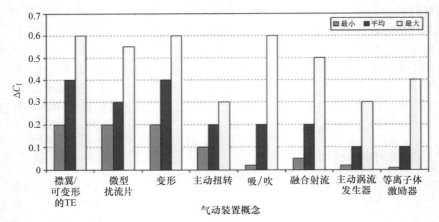

图 1-7　在升力控制能力方面气动装置概念的比较[31]

智能执行机构材料包括传统执行机构、智能材料执行机构、压电式和形状记忆合金。传统执行机构可能无法满足这种概念的最小要求。此外，气动控制面的概念的提出（沿叶片跨度分布）要求快速动作，不能有复杂的机械系统和大的能量重量比。为了这个目的，一个较有前景的解决方案是使用智能材料执行系统。按照定义，智能材料是一种具有感知和驱动能力的材料，这种材料在一种控制方式中能对可变环境的激励做出响应。通常所知的智能材料是铁电型材料（压电式、电致伸缩式、磁致伸缩式）、可变的流变学材料（电流变、磁流变）和形状记忆合金。压电式材料和形状记忆合金通常是在各种应用中用于执行器上的最有名的智能材料。其技术的发展已达到了非常高的水平，并且商业解决方案可广泛应用[31]。

1.5.8　叶片形状综述

一个高效的叶片是由若干种翼型轮廓构成。在一个环形凸缘扭转成的角度上混合为一体（见图 1-8）[4,34]。为减小损耗，它可能包含尖部几何形状。为易于生产，可能需要进行一些简化：

- 减少扭转角；
- 弦宽的线性化；
- 减少不同翼型轮廓的数量。

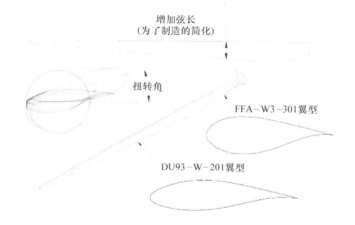

图 1-8　典型的现代水平轴风力机叶片具有多个翼型，扭转角和线性的弦长增加

所有制造的简化都不利于提高风轮的效率，并且这种简化也应当是合理的。新的成型技术和材料的引入，使得形状越来越复杂的叶片的制造成为可能。然而，生产的经济性加上设计分析的困难性仍然决定了其最终的几何形状。领先的风力机供应商，其产品囊括了最优化的特性，比如扭转角、可变弦长和多重翼型几何形状。

1.6　叶片负载

多重翼型截面和弦长、22 种指定的随机负载情况和一个具有多种叶片桨距角的扭转角导致了一种复杂的工程解决方案。因此，像有关计算流体动力学（CFD）和有限元

（FEA）这样的计算机分析软件的使用在风力机行业中已经变得司空见惯[35]。这类软件中，有些专用的商业软件可购买到，如 LOADS、YawDyn、MOSTAB、GH Bladed、SE-ACC 和 AERODYN 等，它们被用于执行基于叶片几何结构、叶尖速度和位置条件的计算[15]。

为简化计算，有人建议考虑一种最坏情况下的负载状况，在这样的情况下其他所有的负载是可被接受的[4]。最坏情况负载方案，依赖于叶片尺寸和控制方法。对于小型风力机没有叶片变桨距，应把 50 年一遇的风暴情况作为极限情况。对于更大的风力机（直径 >70m），来源于叶片重量的负载变得更加重要，并且应当对其考虑[4]。在实践中，考虑了几种负载情况，这些情况中，利用公布的方法对每种 IEC 负载情况的数学分析进行了详细的说明[6]。

对于现代大型风力机叶片，单一负载情况下的分析对于认证是不够的。因此，人们对多重负载情况进行了分析。最重要的一种负载情况依赖于个别设计。下面给出的典型负载情况是应优先考虑的：

- 紧急停车时的应对方案[36]；
- 工作时的极端负载[6]；
- 在暴风环境下停放 50 年[34]。

在这些操作方案下，叶片负载的主要来源如下[6]：

- 气动性的；
- 重力的；
- 离心力的；
- 陀螺效应的；
- 运行中的。

负载的大小将取决于以下分析的操作方案。在更详细的考虑下，如果最优的风轮形状被保持，那么气动负载将不可避免，并且对风力机的性能至关重要（见 1.6.1 节）。据说，当风力机的尺寸增加时，其叶片的重量会随着它以 3 次方速度增长。重力和离心力会因叶片重量的增加变得至关重要，同时情况也会变得复杂（见 1.6.2 节）。陀螺效应的负载来自于运行时的偏航。它们是系统依赖的，并且通常没有重力负载的效果强。运行中的负载也是系统依赖的，它来源于变桨距、偏航、分断和发电机的连接。同时在紧急停车时或电网损耗的情况下这种负载会被加大。陀螺效应的负载和运行中的负载可通过调节系统参数来减小。能承受气性负载、重力负载和离心力负载的叶片，通常也具有承受这些减小了的负载的能力。因此，陀螺负载和运行中的负载在它们工作时不被考虑。

1.6.1 气动负载

气动负载是由叶片翼型截面的升力和阻力产生的（见图 1-9）。它也依赖于风速（V_w）、叶片速度（U）、表面处理、攻角（α）和偏航。攻角是依赖于叶片扭转和桨距。产生的气动升力和气动阻力被分解为推动发电机旋转的力（T）和反作用力（R）。可以看到，反作用力是使平面发生弯曲的本质作用以及叶片应能承受一个极限的形变。

对于叶片空气动力的计算，应用了广泛宣传的叶素动量（BEM）理论[4,6,37]。计算沿叶片半径划分出小的元素（dr），可通过计算气动力的总和得到整个叶片的反作用力和推力负载（见图1-9）。

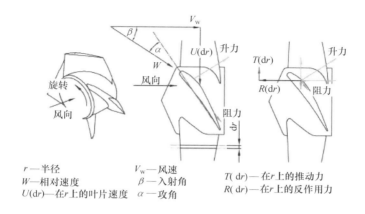

r—半径
W—相对速度
U(dr)—在r上的叶片速度

V_w—风速
β—入射角
α—攻角

T(dr)—在r上的推动力
R(dr)—在r上的反作用力

图1-9 在叶素上产生的气动力

1.6.2 重力和离心力负载

重力和离心力都与重量有关，它们一般会随风力机直径的增加而按3次方速度增加[38]。因此，直径在10m以下的风力机可以忽略惯性负载，直径在20m以上的风力机的惯性负载也是微乎其微的，而对于直径达到70m以上的风力机这种负载则变得不容忽视[4]。重力具有简单的定义，它是重量与万有引力常量的乘积。然而，它的方向始终指向地心，这引起了一种交替循环载荷的情况。

离心力是旋转速度2次方和重量的乘积，且总是作用于径向外侧，因此它增加了叶尖速度的负载需求。离心力负载和重力负载叠加在一起，产生一个正向位移可替换条件，其具有一个等于单个叶片旋转一周的波长。

1.6.3 结构负载分析

现代的风力机叶片负载分析，通常是利用有限元方法对三维CAD模型进行分析[39]。认证机构支持这种方法并且得出结论认为有一系列的商业软件可以得到准确的结果[40]。这些标准也允许我们使用经典的应力分析方法对叶片应力状态进行保守建模。

传统上，叶片会被建模为一个具有等效点或负载均匀分布的简单悬臂梁，以用于计算叶片挥舞和摆振方向的弯矩。叶片根部和螺栓插入件的直接应力也将被计算。在以下的简单分析中（见1.6.4~1.6.6节），提供了对风力机叶片整体结构的基本了解。在实践中，将完成更详细的计算分析。它包括对个别特性、结合物和材料层的局部分析。

1.6.4 挥舞弯曲

挥舞方向的弯矩是气动负载的结果（见图 1-9）。可利用 BEM 理论（见 1.6.1 节）对它进行计算。在 50 年一遇风暴和极端的运行条件下，气动负载被认为是关键的设计负载[6]。一旦计算，负载情况显然可被建模为具有均匀分布负载的悬臂梁（见图 1-10）[4]。该分析显示了翼弦轴如何发生弯曲，从而产生叶片截面的压缩和拉伸应力（见图 1-11）。为了计算这些应力，必须计算负载承受材料区域上的第二个力矩 [见式 (1-6)]。使用经典梁弯曲分析，可以沿着叶片的任何部分计算弯矩[41]。然后可以使用梁弯曲方程在梁的任何点计算局部偏转和材料应力 [见式（1-7）]。

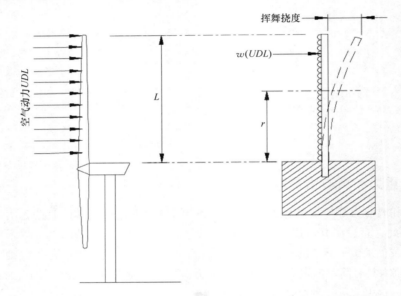

图 1-10   叶片被建模为具有均匀分布的气动负载的悬臂梁

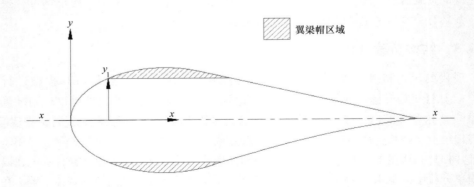

图 1-11   轴 xx 的挥舞弯曲

$$I_{xx} = \iint (y - y_1)^2 \mathrm{d}x\mathrm{d}y \tag{1-5}$$

$$M = -\frac{1}{2}w(L-r)^2 \tag{1-6}$$

$$\frac{\sigma}{y} = \frac{M}{I} = \frac{E}{R} \tag{1-7}$$

式中，L 为叶片总长度，M 为弯矩，w 为 UDL，r 为距离轮毂的半径长度，σ 为应力，y 为到中轴的距离，I 为断面二次矩，E 为弹性模数，R 为曲率半径。

当计算断面二次矩时［见式（1-5）］，很显然，增加中心轴弯曲的距离会引起它以 3 次方的速度增加。当代入梁弯曲方程时［见式（1-7）］，可以看出，通过简单地将承载材料从中心弯曲平面移动，可以获得材料应力以 2 次方速度减小。因此，当叶片处于中心弯曲平面（x）的极限位置时，将负载材料放置于叶片的翼梁帽区效能是较高的（见图 1-11）。这意味着为什么较厚的翼型在结构上是首选的，尽管它有空气动力方面的不足。这种结构效率的提高，可使结构材料的用量最小化，并且能够显著地减轻重量[42]。因此，具有较高空气动力效能的细长翼型和具有较强结构完整性的厚翼型间的矛盾是很明显的。可以看到弯矩［见式（1-6）］和因此产生的应力［见式（1-7）］向风轮轮毂方向增加。这就是翼型部分倾向于朝向轮毂增加厚度以维持结构完整性的原因。

1.6.5　摆振弯曲

摆振弯矩是叶片重量和重力的结果。因此，对于较小的可以忽略其重量的叶片，这种负载情况也可以忽略不计[4]。简单的比例法则决定了随着风力机尺寸的增加，叶片的重量会以 3 次方速度增加。因此，为了增加风力机的尺寸，使其超过 70m 的直径，这种负载的情况被认为会越发的关键[4]。

当叶片到达水平位置时，弯矩最大。在这种情况下，叶片可能再次被建模为悬臂梁（见图 1-12 和图 1-13）。现在在这个梁上有一个分布负载，当叶片和材料的厚度增加时，这个负载会向轮毂方向急剧增长。断面二次矩、弯矩、材料应力和挠度的实际值可以用类似计算挥舞弯矩的方法来计算（见 1.6.4 节）。应该注意的是，在边缘负载条件下，中心弯曲的平面现在与弦线正交。将承受负载的材料集中在翼梁帽区中翼型轮廓的极限位置，远离弯曲的挥舞平面（xx）。对于挥舞弯曲这样做是有利的。当梁

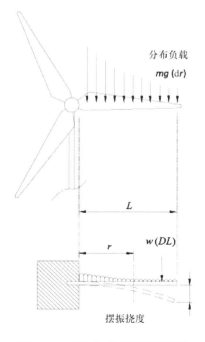

图 1-12　重力负载建模为悬臂梁

帽区的中心越来越接近弯曲的中心平面时（yy），这种定位对于摆振弯曲是无效的。因此，对于挥舞弯曲和摆振弯曲的情况，应仔细考虑结构材料位置的有效性[42]。

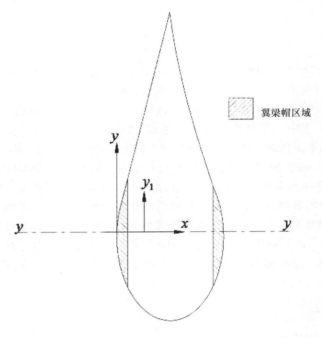

图 1-13　关于 yy 的摆振弯曲

1.6.6　疲劳负载

　　叶片承受的主要负载情况不是静态的。当材料经受反复的非连续负载时，就会产生疲劳负载。这会导致材料承受的负载超出其疲劳极限。生产一种风力机叶片让它运行在其材料的疲劳极限之内是有可能的。然而，这样的设计将需要过多的结构材料。这会使最终制造出的叶片笨重、巨大、昂贵和低效。因此，在有效的风轮叶片设计中，疲劳负载情况是不可避免的。

　　疲劳负载是重力循环负载的结果（见 1.6.5 节），它等于风力机整个寿命期间的旋转次数，而风力机的寿命通常为 20 年。此外，在风力机寿命期间，通过阵风提供的 1×10^9 循环负载会产生更小的随机负载[43]。因此，许多风力机的组件的设计可能是由疲劳负载而不是极限负载所决定[6]。IEC（国际电工委员会）[44] 和 DNV（挪威船级社）[40] 都需要有疲劳分析和测试认证[45]。

1.6.7　叶片结构区域

　　现代风力机叶片可通过空气动力学和结构功能分类而被划分为三个主要区域（见图 1-14）：

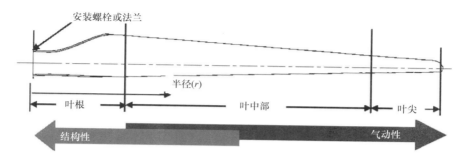

图 1-14　三个叶片区域

● 叶根：圆形支架和第一个翼型轮廓间的过渡——这个部分承受着最大的负载。这个部分的相对风速较低，是因为这里的风轮半径相对较小。低风速导致了气动升力的减小，这又导致了较大的弦长。因此，在风轮轮毂处的叶片轮廓变得非常大。由于需要使用过厚的翼型部分来改善负载密集区域的结构完整性，这使得低风速的问题复杂化。因此，叶片的叶根部区域通常由具有低气动效率的厚翼型所构成。

● 叶中部：空气动力学意义重大——升阻比将达到最大。因此，这里可能使用最薄的翼型，从结构上考虑也是允许的。

● 叶尖：空气动力学的关键部分——升阻比将达到最大。因此，使用纤细的翼型和专门设计的叶尖几何形状来减小噪声的损耗。这样的叶尖几何形状在该领域尚未得到验证[1]，但其仍被一些制造商所采用。

1.7　总结

由于效率、控制、噪声和美学方面的原因，现代风力机市场被具有三叶片设计的水平轴风力机所统治。这些风力机采用了偏航和变桨距，以便能够适应并运行于变化的风况下。国际供应链围绕着这种设计而发展，现在它是行业的领导者，可以预见在未来仍将是这样。这种设计的演变过程中，人们探索了很多其他的备选方案，但这些方案未受到最终的认可。寻求更高成本效益的制造商不断提高设计大型风力机的能力，最新型号的大型风力机其直径可达 164m。这样的规模使得新的挑战者想要投资开发出与其尺寸相近的可替代设计，几乎是不可能的。

对叶片设计的全面考察表明，一种高效的叶片形状是通过空气动力学计算后所决定的。而这种计算是基于所选择的翼型的参数和性能。美学在设计中扮演了较次要的角色。最佳的高效叶片形状是复杂的。这包括加大宽度、厚度和向轮毂方向扭转角的翼型截面。这种通常的形状受物理规律制约，一般不太可能改变。然而，翼型的升力和阻力性能将决定最佳的扭转角度和弦长，以获得最佳的气动性能。

基本的负载分析表明，叶片可以建模为一个支撑在轮毂端的简单悬梁。均匀分布的负载可被用于代表运行时的气动升力。向支撑物增加的弯矩表明，结构上的要求也将决定叶片的形状，特别是轮毂周围的区域，需要增加其厚度。

目前，制造商正在通过增加风力机尺寸来寻求更高的成本效益，而不是通过改善叶片效率来使此效益得到小幅的提高。这种情况可能会发生改变。因为随着建设、交通和装配问题的出现，更大的模型可能会有问题。所以，很有可能将保持通常的形状不改变，并不断地增加风力机的尺寸直到达到一个平稳的水平。随着制造商采用新的翼型、叶尖设计和结构材料，叶片的形状可能会发生微小的改变。细长翼型气动性能的提高与较厚翼型良好的结构性能间的冲突也很明显。

参 考 文 献

1. Hau, E. Wind Turbines, Fundamentals, Technologies, Application, Economics, 2nd ed.; Springer: Berlin, Germany, 2006.
2. Dominy, R.; Lunt, P.; Bickerdyke, A.; Dominy, J. Self-starting capability of a darrieus turbine. Proc. Inst. Mech. Eng. Part A J. Power Energy 2007, 221, 111–120.
3. Holdsworth, B. Green Light for Unique NOVA Offshore Wind Turbine, 2009. Available online: http://www.reinforcedplastics.com (accessed on 8 May 2012).
4. Gasch, R.; Twele, J. Wind Power Plants; Solarpraxis: Berlin, Germany, 2002.
5. Gorban, A.N.; Gorlov, A.M.; Silantyev, V.M. Limits of the turbine efficiency for free fluid flow. J. Energy Resour. Technol. Trans. ASME 2001, 123, 311–317.
6. Burton, T. Wind Energy Handbook; John Wiley & Sons Ltd.: Chichester, UK, 2011.
7. Hull, D.G. Fundamentals of Airplane Flight Mechanics; Springer: Berlin, Germany, 2007.
8. Anderson, D.; Eberhardt, S. Understanding Flight; McGraw-Hill: New York, NY, USA, 2001.
9. Yurdusev, M.A.; Ata, R.; Cetin, N.S. Assessment of optimum tip speed ratio in wind turbines using artificial neural networks. Energy 2006, 31, 2153–2161.
10. Duquette, M.M.; Visser, K.D. Numerical implications of solidity and blade number on rotor performance of horizontal-axis wind turbines. J. Sol. Energy Eng.-Trans. ASME 2003, 125, 425–432.
11. Oerlemans, S.; Sijtsma, P.; Lopez, B.M. Location and quantification of noise sources on a wind turbine. J. Sound Vib. 2006, 299, 869–883.
12. Chattot, J.J. Optimization of wind turbines using helicoidal vortex model. J. Sol. Energy Eng. Trans. ASME 2003, 125, 418–424.
13. Fuglsang, P.; Madsen, H.A. Optimization method for wind turbine rotors. J. Wind Eng. Ind. Aerodyn. 1999, 80, 191–206.
14. Jureczko, M.; Pawlak, M.; Mezyk, A. Optimisation of wind turbine blades. J. Mater. Proc. Technol. 2005, 167, 463–471.
15. Habali, S.M.; Saleh, I.A. Local design, testing and manufacturing of small mixed airfoil wind turbine blades of glass fiber reinforced plastics Part I: Design of the blade and root. Energy Convers. Manag. 2000, 41, 249–280.
16. Thresher, R.W.; Dodge, D.M. Trends in the evolution of wind turbine generator configurations and systems. Wind Energy 1998, 1, 70–86.
17. Gipe, P. The Wind Industrys Experience with Aesthetic Criticism. Leonardo 1993. 26, 243–248.
18. Chamberlain, D.E. The effect of avoidance rates on bird mortality predictions made by wind turbine collision risk models. Ibis 2006, 148, 198–202.

19. Maalawi, K.Y.; Badr, M.A. A practical approach for selecting optimum wind rotors. Renew. Energy 2003, 28, 803–822.
20. Griffiths, R.T. The effect of aerofoil charachteristics on windmill performance. Aeronaut. J. 1977, 81, 322–326.
21. Drela, M. XFoil; Massachusetts Institute of Technology: Cambridge, MA, USA, 2000.
22. Drela, M. Xfoil User Primer; Massachusetts Institute of Technology: Cambridge, MA, USA, 2001.
23. Timmer, W.A.; van Rooij, R.P.J.O.M. Summary of the Delft University wind turbine dedicated airfoils. J. Sol. Energy Eng. Trans. ASME 2003, 125, 488–496.
24. Abbott, I.H.; Doenhoff, A.V. Theory of Wind Sections; McGraw-Hill: London, UK, 1949.
25. Rooij, R.P.J.O.M.; Timmer, W. Roughness sensitivity considerations for thick rotor blade airfoils. J. Solar Energy Eng. Trans. ASME 2003, 125, 468–478.
26. Fuglsang, P.; Bak, C. Development of the Riso wind turbine airfoils. Wind Energy 2004, 7, 145–162.
27. Polinder, H. Comparison of direct-drive and geared generator concepts for wind turbines. IEEE Trans. Energy Convers. 2006, 21, 725–733.
28. Gupta, S.; Leishman, J.G. Dynamic stall modelling of the S809 aerofoil and comparison with experiments. Wind Energy 2006, 9, 521–547.
29. Stol, K.A.; Zhao, W.X.; Wright, A.D. Individual blade pitch control for the controls advanced research turbine (CART). J. Sol. Energy Eng. Trans. ASME 2006, 128, 498–505.
30. Bossanyi, E.A. Individual blade pitch control for load reduction. Wind Energy 2003, 6, 119–128.
31. Barlas T.K.; van Kuik, G.A.M. Review of state of the art in smart rotor control research for wind turbines. Prog. Aerosp. Sci. 2010, 46, 1–27.
32. Barlas, T.; Lackner, M. The Application of Smart Structures for Large Wind Turbine Rotor Blades. In Proceedings of the Iea Topical Expert Meeting; Delft University of Technology: Delft, The Netherlands, 2006.
33. Thor, S. The Application of Smart Structures for Large Wind Turbine Rotor Blades. In Proceedings of the IEA Topical Expert Meeting; Sandia National Labs: Alberquerque, NM, USA, 2008.
34. Kong, C.; Bang, J.; Sugiyama, Y. Structural investigation of composite wind turbine blade considering various load cases and fatigue life. Energy 2005, 30, 2101–2114.
35. Quarton, D.C. The Evolution of Wind Turbine Design Analysis—A Twenty Year Progress Review; Garrad Hassan and Partners Ltd.: Bristol, UK, 1998; pp. 5–24.
36. Ahlstrom, A. Emergency stop simulation using a finite element model developed for large blade deflections. Wind Energy 2006, 9, 193–210.
37. Kishinami, K. Theoretical and experimental study on the aerodynamic characteristics of a horizontal axis wind turbine. Energy 2005, 30, 2089–2100.
38. Brondsted, P.; Lilholt, H.; Lystrup, A. Composite materials for wind power turbine blades. Ann. Rev. Mater. Res. 2005, 35, 505–538.
39. Jensen, F.M. Structural testing and numerical simulation of a 34 m composite wind turbine blade. Compos. Struct. 2006, 76, 52–61.
40. Veritas, D.N. Design and Manufacture of Wind Turbine Blades, Offshore and Onshore Turbines; Standard DNV-DS-J102; Det Norske Veritas: Copenhagen, Denmark, 2010.

41. Case, J.; Chilver, A.H. Strength Of Materials; Edward Arnold Ltd.: London, UK, 1959.

42. Griffin, D.A.; Zuteck, M.D. Scaling of composite wind turbine blades for rotors of 80 to 120 meter diameter. J. Sol. Energy Eng. Trans. ASME 2001, 123, 310–318.

43. Shokrieh, M.M.; Rafiee, R. Simulation of fatigue failure in a full composite wind turbine blade. Compos. Struct. 2006, 74, 332–342.

44. Wind Turbines. Part 1: Design Requirements; BS EN 61400-1:2005; BSi British Standards: London, UK, January 2006.

45. Kensche, C.W. Fatigue of composites for wind turbines. Int. J. Fatigue 2006, 28, 1363–1374.

第 2 章

使用聚风环技术的高功率输出风力机

Yuji Ohya，Takashi Karasudani

2.1　简介

　　未来，化石燃料的局限性是很明显的。为了能在未来有效地利用能源，化石燃料可替代品的安全性成为了一个重要课题。此外，由于对环境问题的关注，如全球变暖等，人们强烈期望可再生和清洁新能源的开发和应用。其中风能技术发展迅速，即将在新能源领域发挥重要作用。然而，与整体能源需求相比，风能利用规模较小，特别是日本的发展水平极低。有各种可想而知的原因导致了这样的结果。例如，日本适合建立风电场的地区很有限，与欧洲或北美地区相比，其地形复杂以及有湍流性的地方风况等。因此，人们非常期望引进一种新的风力发电系统，即使在较低风速和复杂风况的地区，也能产生更高的功率输出。

　　风力发电量与风速的 3 次方成正比。因此，若进入风力机的风速稍微增加，风力机所产生的电能就会大幅增加。如果我们可以通过利用风力机结构或地形周围的流体动力学特性来提高风速，即如果我们能够局部集中风能，风力机的功率输出可以大大增加。虽然迄今为止有一些关于风力机收集风能的研究[1-7]，但通常这不是一个具有吸引力的课题。Gilbert 等人[2]，Gilbert 和 Foreman[3]，Igra[4] 及其他一些人在 1980 年左右开展了一项独特的研究，这项研究是关于扩散放大器型风力机（DAWT）的。在这些研究中，其内容专注于将风能集中于具有大开放角的扩散器中。这种扩散器采用了多个流动槽控制的边界层来实现气流沿扩散器的内表面流动。因此，边界层控制法通过流动分离防止了压力损失，并增加了扩散器内部的质量流。基于这种理念，位于新西兰的一个团队[5,6]开发了 Vortec 7 扩散放大器型风力机。他们使用一种多沟槽扩散器防止气流在扩散器内部分离。Bet 和 Grassmann[7] 开发了一种带护罩的风力机，这种护罩带有翼型环形结构。据报道，与叶片裸露的风力机相比，他们的扩散放大器型风力机的叶片翼型系统的输出功率增加了 2 倍。虽然到目前也还报道了一些其他的想法，但它们中的大多数还没达到商业化的程度。

　　近期，关于高输出风能系统开发的研究，旨在确定如何有效地收集风能，以及什么样的风力机能从风中高效地产出能量。这显示出人们有希望以更有效的方式来利用风能。在目前的研究中，一种加速风的概念被称为"聚风环"[○]技术。为此，发展出了一种扩散器结构，它可以收集并加速在它周围的风。换句话说，我们设计出了一种扩散器护罩。这个护罩具有一个巨大的边缘，它能够将附近风的风速大幅度地增加。这是由于它利用了多种流体特性，例如利用涡流的形成产生低压区，通过涡流的流体卷吸等。具有这种边沿的扩散器可以影响它外侧或内部的气流。虽然它所采用的扩散器形状结构与其他风力机相似[1~7]——围绕于风力机周围，但它区别于其他结构的特点是在其扩散器护罩的出口处有一个巨大的边缘。此外，我们将风力机放置在装配有边缘的扩散器护罩内部，并且评估其产生的能量输出。其结果是，在给定了风力机直径和风速等重要的条件下，装有边缘扩散器护罩并被其所覆盖的风力机与标准的微型风力机相比，其功率增加了约4~5倍。

另外，对于中小型风力机的实际应用，我们一直在开发一种紧凑型的带边缘的扩散器。扩散器护罩和这种边缘结构的组合很大程度上是由一个长扩散器和一个大的边缘结构改进而成。与其他风轮裸露的风力机相比，这种紧凑的"聚风环风力机"其功率增加了2~3倍。本章将介绍在一些工程中的应用案例。

2.2　风力收集加速装置的开发（具有边缘的扩散器护罩，被称为"聚风环"）

2.2.1　选择扩散器型结构作为基本形式

日本九州大学应用力学研究所的大型边界层风洞在研究中被应用。它具有15m长×3.6m宽×2m高的测量部分，其最大风速为30m/s。在这里测试了两种中空结构模型，一种是喷嘴类型，另一种是扩散器类型（见图2-1）。中空结构模型中沿中轴线的风速U和静态压力P的分布是利用Ⅰ型热丝法和静压管测量的。在使用大型中空结构模型的情况下，应注意风洞中的堵塞效应，我们在测量部分的中心拆除了天花板和6m长的两侧壁。也就是说，我们使用了风洞的开放式试验段，以避免堵塞效应。使用了烟线技术来对气流实验进行显示。

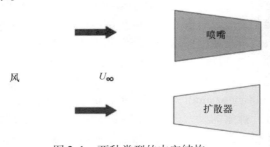

风　　　U_∞

喷嘴

扩散器

图 2-1　两种类型的中空结构

　　实验表明，扩散器形状的结构可以在它的入口处对风进行加速，如图 2-2 所示[8-10]。其原因可通过流动显示来说明，如图 2-3 所示。图 2-3 显示了在喷嘴和扩散器模型内部和外部的气流。气流方向是从左向右。显然，在图 2-3a 中风趋向于避开喷嘴型模型，而当风流过扩散器型模型时，它是被吸入的，如同在图 2-3b 中所看到的那样。

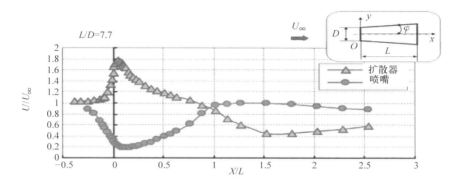

图 2-2　中空结构中轴的风速分布，$L/D = 7.7$。喷嘴和扩散器这两种空心结构模型的
面积比（出口面积/入口面积）分别是 1/4 和 4

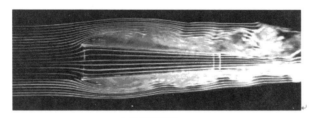

a) 喷嘴型模型

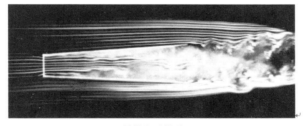

b) 扩散器型模型

图 2-3　喷嘴型和扩散器型模型周围的气流。$L/D = 7.7$。烟雾流从左向右

2.2.2　形成涡流的环形板（被称为"边缘"）的思想

　　如果我们使用长扩散器，进入其中的风会被进一步加速，会比扩散器入口处的风速更高。然而，在实际意义上，较长的笨重结构是不可取的。那么，我们就在短扩散器的

出口外围增加一个称为"边缘"的环形板。在环形板的后方会形成涡流并且会在扩散器的后面生成一个低压区，如图2-4所示。因此，风流入一个低压区，风速会比在扩散器入口附近进一步增加。图2-5说明了气流流动的原理。这种风力机被装有边缘的扩散器所笼罩。我们称其为"聚风环风力机"。接下来，我们为入口处添加一个适当的结构，使扩散器的入口具有一个边缘。我们称它为护罩入口。护罩入口使风可以容易地进入扩散器。从整体上看，这种采集风的加速装置是由带边缘的文氏管结构组合而成[8-10]。

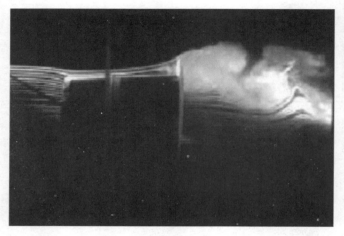

图2-4　具有边缘的圆形扩散器模型围绕的气流。烟雾从左向右流动。$L/D = 1.5$。
圆形扩散器的面积比 μ（出口面积/入口面积）为1.44。冯卡门旋涡在边缘的后面形成

至于其他参数，我们研究了开度角、轮毂比和中心体长度[10-12]。之后发现了一个扩散器边缘的最佳形状[10]。此外，我们现在正在研究风力机的叶片形状，以便能获得更高的功率输出。正如图2-6所阐释的那样，当具有边缘的扩散器被应用时（也可参见图2-7），其输出功率的功率因数（$C_w = P/0.5\rho AU^3$，P 为输出功率，A 为风力机叶片扫掠面积）显著增加。现场实验中，传统的风力机在使用了这种装置后，其输出功率因数的增幅接近4~5倍。Inoue等人给出了目前这种聚风环风力机的简单理论[13]。其

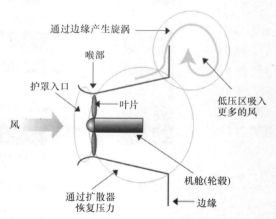

图2-5　具有边缘扩散器（聚风环）的
风力机周围的气流

输出性能由两个因素所决定，即扩散器护罩的压力系数和其后的基本压力系数。

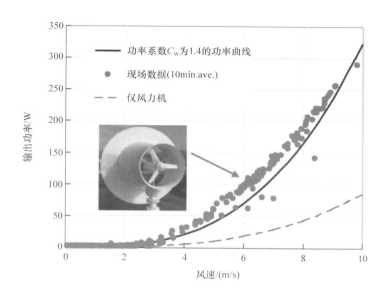

图 2-6　使用聚风环的 500W 风力机现场实验

2.2.3　一种具有边缘扩散器护罩的风力机的特性

图 2-7 所示为配备有边缘扩散器护罩的风力机原型（额定功率为 500W，风轮直径为 0.7m）。该模型扩散器的长度是其喉部直径 D 的 1.47 倍（$L_t = 1.47D$，关于 L_t 见图 2-8）。边缘宽度是 $h = 0.5D$。对于现场实验，一些数据明显大于"风洞曲线"；这是因为现场风速（方差分量）的波动要比在有着恒定风速的风洞中的波动量要大。这种装备了边缘扩散器护罩的风力机具有以下重要特征。

1）由于利用"聚风环技术"集中了风能，这种风力机的输出功率比传统的风力机要增加 4~5 倍。

2）边缘结构基于偏航控制。这种位于扩散器出口的边缘结构使得装有边缘扩散器的风力机，像风向标一样可以随风向的改变而转向。最终，使得风力机可以自动面向风。

3）风力机噪声显著减小。基本上，在低叶尖速度比时，所选择的风力机叶片的翼型截面能提供最佳性

图 2-7　500W 聚风环风力机
（风轮直径为 0.7m）

能。由于受到扩散器护罩内部边界层的干扰，在叶尖产生的涡流被极大地抑制，所以气动噪声大大地降低了[14]。

4）在改进的安全性方面，风力机在高速旋转时，被一个结构所覆盖，并且能防止风力机被破碎的叶片所损坏。

5）至于缺点，那就是风力机的风载荷和它的结构重量增加了。

2.3 覆盖风力机具有边缘的紧凑型扩散器的开发

对于小型和中型风力机的实际应用，我们已经开发出了一种紧凑型的边缘扩散器。对于500W的聚风环风力机，边缘扩散器的长度 L_t 是1.47D，并且作为风的收集的加速结构相对来说它是较长的（关于 L_t，见图2-8）。如果我们将这种边缘扩散器应用于更大型的风力机中，对于这种结构的风载荷和这种结构的重量将变成非常严重的问题。因此，为克服上面所提到的问题，我们提出了一种非常紧凑的风力收集与加速结构（紧凑型边缘扩散器），长度 L_t 与 D 相比较短，如 $L_t < 0.4D$。我们在一个相对较短的范围内制造了一对边缘扩散器，其长度为 $L_t = 0.1 \sim 0.4D$。我们对具有紧凑型边缘扩散器的聚风环风力机在风洞试验中测试了其性能，并且对500kW原型机模型实施了现场测试。

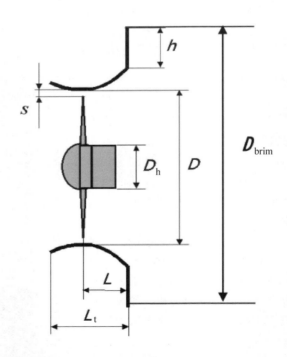

图2-8　聚风环风力机的原理图

2.3.1　紧凑型聚风环风力机输出性能测试的试验方法

对于现在这个试验中的扩散器尺寸，其喉部直径 D 是 1020mm，风轮直径为 1000mm。图 2-8 所示为紧凑型聚风环风力机的示意图。我们制造了 4 种类型的扩散器，称之为 A 型、B 型、C 型和 S 型，它们各有不同的截面形状，如图 2-9 所示。表 2-1 显示了长度比例 L_t/D 和每个扩散器模型的出口面积/喉部面积的面积比 μ。所有的扩散器模型显示出 L_t/D 几乎相同，但是 μ 各有不同。对于 S 型扩散器，它如同 500W 原型机具有一个直线的截面形状。其他的类型 A ~ C，采用了曲线型的截面。这里，轮毂比 D_h/D 是 13%，并且叶尖间隙是 10mm。

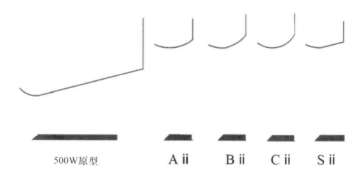

500W原型　　A ii　　B ii　　C ii　　S ii

图 2-9　聚风环的截面形状

表 2-1　聚风环形状的参数

扩散器	原型	Aii	Bii	Cii	Sii
L_t/D	1.470	0.225	0.221	0.221	0.225
μ	2.345	1.1173	1.288	1.294	1.119

至于实验方法，是将转矩传感器（额定值是 10N·m）连接到风力机及其后部，并且设置了交流转矩电机制动器。在风力机的负载从零开始逐渐增加的情况下，我们测量了风力机的转矩 Q（N·m）和转速 n（Hz）。对功率输出 $P(W) = 2\pi nQ$ 的计算是通过性能曲线来表现的。由紧凑型边缘扩散器所覆盖的风力机模型被测试台上长的直杆支撑。这个测试台放置于风向下方，并且由转矩传感器、转速传感器和交流转矩电机制动器组成，如图 2-10 所示。接近风速 U_o 为 8m/s。

2.3.2　作为聚风环的紧凑型边缘扩散器形状的选择

图 2-11 所示为使用了 Aii、Bii、Cii 和 Sii 四种紧凑型号扩散器护罩的风力机的实验结果。边缘结构的高度是 10%，也就是说，$h = 0.1D$。横轴表示叶尖速度比 $\lambda = \omega r/U_o$，这里的 ω 是角频率，$\omega = 2\pi n$，r 是风力机风轮半径（$r = 0.58m$）。纵轴表示功率系数 C_w（$= P/(0.5\rho U_\infty^3 A)$，$A$ 是风轮扫掠面积，为 πr^2）。具有特殊翼型设计的风力机采用三叶片设计，这导致最佳叶尖速度比约为 4.0。如图 2-11 所示，当应用了紧凑型边缘扩散

图 2-10 风洞中聚风环风力机输出性能的测试

器，我们成功地让输出功率系数大幅度提高。其功率系数约达到叶片裸露风力机的
1.9~2.4 倍。也就是说，对于叶片裸露的风力机，C_w 是 0.37，另一方面，对于具有紧凑型边缘扩散器的风力机，C_w 是 0.7~0.88。图 2-11 中显示的试验结果，是在风力机具有相同的风速和扫掠面积的情况下得到的。

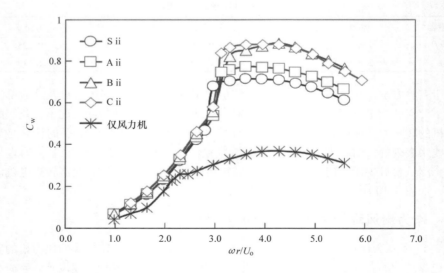

图 2-11 不同聚风环风力机的功率系数 C_w 与叶尖速度比 $\lambda = \omega r/U_o$ 的关系。
边缘高度为 10%，也就是 $h = 0.1D$

首先，我们比较图 2-11 中的 Aii 型和 Sii 型。这两种类型都具有相同的扫掠面积比 μ。Aii 的 C_w 要比 Sii 的更大。这意味着，曲线形截面要比直线形的更好。此外，注意到 Bii 和 Cii 型比 Aii 型显示出更高的 C_w。这意味着如果边界层气流沿扩散器曲线型的内壁流动就不能显示出大的分离。与 Aii 型相比，Bii 和 Cii 型具有较大的面积比 μ，它们适合于紧凑型扩散器。

如果我们采用扫掠面积 A^* 而不是 A（由于风轮直径），由于边缘直径 D 的边缘在扩散器的出口，A^* 是圆形区域。所以对于那些紧凑型聚风环风力机，基于 A^* 的输出系数 C_w^* 变为 0.48 ~ 0.54。它仍然大于传统风力机的功率系数 C_w（大约为 0.4）。这意味着，即使传统风力机的直径延伸达到边缘结构的直径，紧凑型聚风环风力机与其相比，仍然明显地表现出更高的效率。

2.3.3　具有紧凑型扩散器聚风环的风力机的输出功率

通过图 2-11 所示的试验结果，我们讨论作为紧凑型风力收集加速结构的 C 型扩散器。下一步，我们研究了 C 型扩散器的长度对聚风环风力机输出性能的影响。我们准备了 C 型扩散器的 4 个种类，如表 2-2 所示。图 2-12 所示为 4 种 C 型扩散器输出性能的结果。边缘结构的高度是 10%，即 $h = 0.1D$。图 2-13 也显示了 $C_{w,max}$ 和扩散器长度 L_t/D 的变化，这里 $C_{w,max}$ 是在输出性能曲线上 C_w 的最大值，如图 2-12 所示。正如预期的那样，$C_{w,max}$ 的值会随着扩散器长度 L_t/D 的减小而减小。然而，当边缘结构的高度超过了 10%，即在 $h > 0.1D$ 的情况下，具有 C0 型扩散器的聚风环风力机的 C_w 与叶片裸露的风力机相比几乎增加了两倍，而一种使用了 Ciii 型扩散器的风力机增加了 2.6 倍。因此，即使我们使用一种非常紧凑的边缘扩散器作为聚风环结构，我们也可以期望输出性能增加 2 ~ 3 倍。

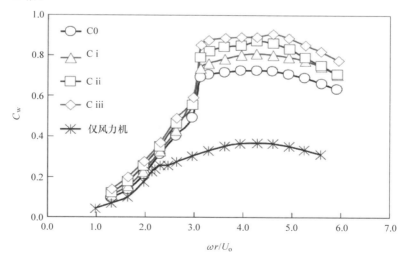

图 2-12　使用 C 型聚风环的聚风环风力机功率系数 C_w（$h = 0.1D$）。对于 C0 ~ Ciii 扩散器，见图 2-13

表 2-2　C 型聚风环的参数

扩散器	C0	Ci	Cii	Ciii
L_t/D	0.1	0.137	0.221	0.371
μ	1.138	1.193	1.294	1.555

注：对于 C0 ~ Ciii 型扩散器，见图 2-13。

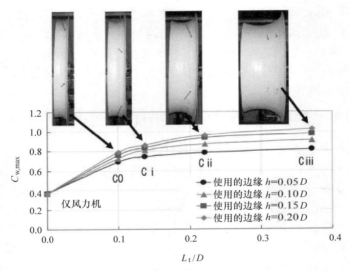

图 2-13　关于 C 型聚风环长度的最大功率系数 $C_{w,max}$

2.3.4　现场试验

如上所述，聚风环风力机的优点之一就是基于边缘结构的偏航控制。也就是说，由于边缘结构，聚风环风力机可以自动旋转面向风。然而，对于紧凑型聚风环结构，让聚风环风力机变为逆风型风力机是难以实现的。因此，我们做了一个顺风式的紧凑型聚风环风力机。

对于 5kW 顺风型风力机，我们选择 Cii 型扩散器（$L_t/D = 0.22$）作为聚风环结构。边缘的高度是 10%，即 $h = 0.1D$。这里，D 是 2560mm，风轮直径是 2500mm。图 2-14 所示为 5kW 聚风环风力机的原型机。我们使用这台 5kW 的风力机进行了现场试验。图 2-15 所示为在一个有风的日子里的测试结果。现

图 2-14　5kW 聚风环风力机（风轮直径为 2.5m），顺风型

场数据绘制为 1min 的平均数据。功率曲线是沿 $C_w = 1.0$ 的曲线所绘制，并且证明了本聚风环风力机的高输出性能。由于风能集中，与传统风力机（叶片裸露风力机）相比，输出功率增加了 2.5 倍。采用参考区域 A^*，其中 A^* 是由于扩散器出口的边缘直径 D_{brim} 所导致的圆形区域，对于这里的紧凑型聚风环风力机，输出系数 C_w^* 基于 A^* 达到 0.54。

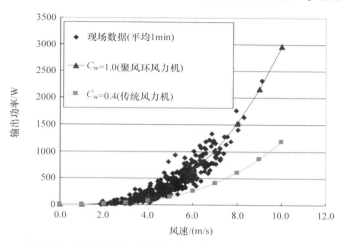

图 2-15 5kW 聚风环风力机的现场实验。C_w 是功率系数

2.4 在中国应用 5kW 风力机为农业灌溉提供稳定的电力

中国的西北地区是一个面临日益严重的全球环境问题的地区。为了防止荒漠化并将裸露土地变为绿地，灌溉及绿化项目开始利用巨大的风能作为中国西北地区的能源，如图 2-16 所示。有一种小的聚风环风力机，很容易移动和安装。在没有电网基础设施的

图 2-16 在中国西北部沙漠地区利用风能灌溉绿色植物（5kW 聚风环风力机风电场）

地区用这种小型风力机是产生电能的一个好办法。由作者的小组开发的高效聚风环风力机具有良好的小型风力机特性，通过使用一定的技术对其改进，改造和尺寸的扩大使它能够应用于沙漠地区。在这里建设了一个灌溉用风电场，里面装有 6 台 5kW 聚风环风力机，同时考察了它对绿化工程的效能。那么，我们可以通过建设分布式电源网络，建立一个用于抽水灌溉系统的工厂，通过结合电网和蓄电池储能技术来保证微电网的稳定供电。该工厂为植树造林和沙漠绿化而建立，并且会检查实施的效果。

2.5　有效利用城市海滨的风能

　　最近，日本福冈市的海滨公园安装了 3 台 5kW 的聚风环风力机。福冈市的北侧面向大海，如图 2-17 所示。由于在冬季经常可以观察到相对较强的风，福冈市和九州大学计划进行协同研究、安装小型聚风环风力机，检验其作为分布式发电厂的效能。图 2-17 所示为安装聚风环风力机的海滨公园。图的上侧是北方。在现场测试中同时使用了风杆。为了实施风力机的微观选址，我们对这一复杂地区使用 RIAM - COMPACT[⊖] 进行数字模拟[15]，这是一种基于 LES 涡流模型的计算代码。我们假设北风为主风，比如说海风。图 2-18 所示为计算区域。这个区域是，南北方延伸 2800m（x 轴方向），东西方向延伸 3500m（y 轴方向），垂直方向延伸 900m（z 轴方向）。在垂直方向上的流入条件是 1/7 幂定律。图中网格点数为 $161 \times 201 \times 51$。网格分辨率是，水平方向为 $\Delta x = \Delta y = 17.5m$，垂直方向为 $\Delta z_{min} = 1m$，集中向地面。雷诺数基于计算区域中的最高建筑 h，其

图 2-17　可以看到几条河的福冈市海滨

⊖　RIAM - COMPACT 为 Research Institute for Applied Mechanics, Kyushu University, Computational Prediction of Airflow over Complex Terrain 的缩写，即九州大学应用力学研究所复杂地形气流计算预测，是一种数字模型。——译者注

值为 $R_e = 10000$。图 2-19 所示为在 15m 的高处风模型的结果。这个高度是小型聚风环风力机轮毂的高度。我们可以看到风在河流入口处附近的加速区域以及减速区域，而这些减速区域是由于海岸线附近的高楼造成的。从这个结果来看，我们选择了一个合适的地点，它靠近图 2-17 中左侧大河的入口。所以，在这里安装了 3 个 5kW 聚风环风力机，正如在图 2-20 中所看到的。

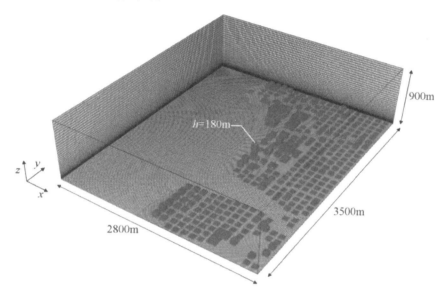

图 2-18 计算区域。盛行风沿 x 轴方向来自于北方。流入的条件是 1/7 幂定律。这里网格的点数为 $161 \times 201 \times 51$。网格的分辨率是，水平方向为 $\Delta x = \Delta y = 17.5\text{m}$，垂直方向为 $\Delta z_{\min} = 1\text{m}$。在计算中雷诺数基于最高建筑 h，其值为 $R_e = 10000$

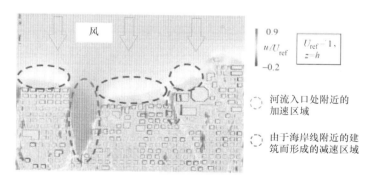

图 2-19 使用 RIAM – COMPACT 数字模型对图 2-17 和图 2-18 所示海岸的 15m 高空中的风力图进行数值预测

图 2-20 日本福冈市海滨公园的 5kW 聚风环风力机

2.6 总结

"边缘扩散器"作为一种环绕在风轮上的风力机风力收集加速装置被开发出来。它使小型风力机的输出功率显著提高。具有相对较长的扩散器（$L_t = 1.47D$）的风力机，其输出功率显著增加，约为传统风力机的 4~5 倍。这是因为在边缘结构后面会形成一个很强的涡流区，而这个涡流区会使更多风吸到扩散器中的风轮上。

为了能将这种装置应用到小型和中型风力机上，我们开发了一种非常紧凑的边缘扩散器（聚风环结构）。与传统风力机（风轮裸露）相比，在使用了紧凑型边缘扩散器后，风力机的输出功率增加了 2~3 倍。这是由于它能收集风能。我们现在正在开发一种额定风速为 12m/s 的 100kW 聚风环风力机。其风轮直径为 12.8m。它远小于具有相同额定功率的传统风力机，其直径是传统风力机的 2/3。

顺便说一句，对于紧凑型聚风环风力机，如果我们采用扫掠面积 A^* 代替 A（由于风轮直径），则基于 A^* 的输出功率系数 C_w^* 将变为 0.48~0.54。由于扩散器出口的边缘直径 D_{brim}，这里的 A^* 成为一个圆形。这个系数仍然要大于传统风力机的功率系数 C_w（大约为 0.4）。这意味着，紧凑型聚风环风力机与传统风力机相比，明显地表现出更高的效率，即使在传统风力机风轮直径大于边缘结构直径的情况下也是如此。

为了检验实际应用，在中国的西北沙漠地区建立了一个用于灌溉的风电场，在其中安装了 6 台 5kW 聚风环风力机，并检验了它对绿化工程的效用。最近，在日本福冈市海滨安装了 3 台 5kW 聚风环风力机，旨在有效地利用风能。

参 考 文 献

1. Lilley, G.M.; Rainbird, W.J. A Preliminary Report on the Design and Performance of Ducted Windmills; Report No. 102; College of Aeronautics: Cranfield, UK, 1956.

2. Gilbert, B.L.; Oman, R.A.; Foreman, K.M. Fluid dynamics of diffuser-augmented wind turbines. J. Energy 1978, 2, 368–374.

3. Gilbert, B.L.; Foreman, K.M. Experiments with a diffuser-augmented model wind turbine. Trans. ASME, J. Energy Resour. Technol. 1983, 105, 46–53.

4. Igra, O. Research and development for shrouded wind turbines. Energ. Conv. Manage. 1981, 21, 13–48.

5. Phillips, D.G.; Richards, P.J.; Flay, R.G.J. CFD modelling and the development of the diffuser augmented wind turbine. In Proceedings of the Comp. Wind Engineer, Birmingham, UK, 2000, pp. 189–192.

6. Phillips, D.G.; Flay, R.G.J.; Nash, T.A. Aerodynamic analysis and monitoring of the Vortec 7 diffuser augmented wind turbine. IPENZ Trans. 1999, 26, 3–19.

7. Bet, F.; Grassmann, H. Upgrading conventional wind turbines. Renew. Energy 2003, 28, 71–78.

8. Ohya, Y.; Karasudani, T.; Sakurai, A. Development of high-performance wind turbine with a brimmed diffuser. J. Japan Soc. Aeronaut. Space Sci. 2002, 50, 477–482 (in Japanese).

9. Ohya, Y.; Karasudani, T.; Sakurai, A. Development of high-performance wind turbine with a brimmed diffuser, Part 2. J. Japan Soc. Aeronaut. Space Sci. 2004, 52, 210–213 (in Japanese).

10. Ohya, Y.; Karasudani, T.; Sakurai, A.; Abe, K.; Inoue, M. Development of a shrouded wind turbine with a flanged diffuser. J. Wind Eng. Ind. Aerodyn. 2008, 96, 524–539.

11. Abe, K.; Ohya, Y. An investigation of flow fields around flanged diffusers using CFD. J. Wind Eng. Ind. Aerodyn. 2004, 92, 315–330.

12. Abe, K.; Nishida, M.; Sakurai, A.; Ohya, Y.; Kihara, H.; Wada, E.; Sato, K. Experimental and numerical investigations of flow fields behind a small-type wind turbine with flanged diffuser. J. Wind Eng. Ind. Aerodyn. 2005, 93, 951–970.

13. Inoue, M; Sakurai, A.; Ohya, Y. A simple theory of wind turbine with brimmed diffuser. Turbomach. Int. 2002, 30, 46–51(in Japanese).

14. Abe, K.; Kihara, H.; Sakurai, A.; Nishida. M.; Ohya, Y.; Wada, E.; Sato, K. An experimental study of tip-vortex structures behind a small wind turbine with a flanged diffuser. Wind Struct. 2006, 9, 413–417.

15. Uchida, T.; Ohya, Y. Micro-siting technique for wind turbine generators by using large-eddy simulation. J. Wind Eng. Ind. Aerodyn. 2008, 96, 2121–2138.

第3章

应用树脂成型工艺对使用复合材料的风力机叶片的生态模制

Brahim Attaf

3.1 简介

在风力机叶片的现代制造业中[1]，纤维增强复合材料可从其他可用的工程材料中选择，因为它们在刚度重量比、强度重量比以及耐热、耐化学性上都有着显著且具有吸引力的优点，同时在材料的成本上也有着优势[2]。除了经济和技术上的优势外，在生态方面也有要求，以便能在成型过程中绿色化。同时要选择合适的树脂模型和纤维材料，而这种选择是在对环境和安全问题做出回答后得到的。这些生态方面的问题是建立在一些关键的平衡准则上的。它们的特征是除了要保证质量，还要综合考虑环境和健康的保护[3-5]。所有这些都必须提供更健康、安全、清洁和可持续的过程。在具有这样的环境意识的情况下，闭模工艺为这些要求提供了可替代的解决方案，并且能满足绿色设计方法的要求（即生态设计）。

此外，考虑到其他的传统工艺（例如开模工艺），绿色成型工艺具有一些优点。这些优点表现在环境意识的三个层面上：①通过革新工程方法来提高竞争力和生产率，②尽可能减小能源消耗，③通过可替代方案降低排放水平。

这种复合材料制造的新模式可以大大加强生态效益和可靠成型工艺的发展，从而有助于提高短、中、长期工业风能领域的潜在发展水平。在这些闭模成型工艺中，最常见的一种是树脂传递模塑（RTM）工艺[6]。本研究将专注于树脂在一种纤维介质中各向导性流动的技术和配方。尽管在文献中可以找到与这一主题相关的最新背景分析技术，但参考文献［7］已经解决了一些关于聚合物复合材料制造中流动和流变学的重要研究。

通过采用绿色环保策略，可以提供可持续的成型工艺。这可能会加强风能路线图技术方案[1]，并可能有助于复合风力机叶片制造商实现以下重点生态设计目标：①减少VOC排放，②使用无毒化学品，③使用无致癌物质，④使用低气味散发的凝胶，等等。

将这一目标作为重点，本研究的另一个目的是向非绿色复合材料公司发出强烈的信息，鼓励他们加入绿色运动，通过制定新的策略来改革旧的制造业。

一方面，这种生态行动将提供一些可持续的方法，这些方法能以非常经济的方式开发新的风能产品；另一方面，它将在全球风力机叶片行业中对激发创新、创造力和竞争力起到关键作用。

3.2　生态模制方法

目前的科学研究调查针对一种分析方法，这种方法提供了一种具有生态效益的模制工艺。此工艺能最大限度地减少对环境的影响，确保对健康的保护，同时保持了质量保证标准。这种生态兼容解决方案可以帮助设计师和分析师去评估和改进环境的健康方面的问题。

3.2.1　生态模制的概念

在图 3-1 所示的图形代表了生态模制中有关质量、健康和环境之间的相互作用。从图 3-1 可以看出，三者的相互作用产生了一定数量的子集。然而，只有子集 F（以后表

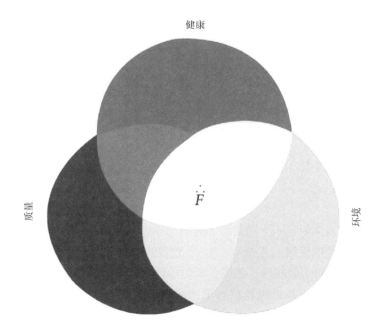

图 3-1　生态模制模型

示为 $\overset{\cdots}{F}$ ）才能满足生态模制的条件。字母"F"上的三个点（$\therefore$）仅仅是在图3-1中图示说明的一个简要描述，显示了健康、质量和环境之间的相互作用。换句话说，这三个点代表着可持续发展理念的基本要素中的三大支柱[8]。

3.2.2　概率方法的应用

为了评估提供事件 $\overset{\cdots}{F}$ （事件的子集）的实现机会的数量，有必要使用概率的概念。因此，事件 $\overset{\cdots}{F}$ 和相关的概率可以分别写为[9]

$$\overset{\cdots}{F} = Q \cap H \cap E \tag{3-1}$$

$$P(\overset{\cdots}{F}) = P(Q \cap H \cap E) \tag{3-2}$$

根据集合 Q、H 和 E 的依赖关系以及概率论中的乘法法则，式（3-2）可以写成如下形式：

$$P(\overset{\cdots}{F}) = P(Q) \times P_Q(H) \times P_{Q \cap H}(E) \tag{3-3}$$

因为模制工艺取决于式（3-3）表示的概率值，所以对 Q、H 和 E 代入一个代表着某方面所认可的特定概率系数是很方便的。在这个研究情况下，它有可能被认为是

1）$\alpha = P(Q)$ 是一个生态系数，它代表着在质量保证方面被认可的概率。

2）$\beta = P_Q(H)$ 是一个生态系数，表示在已知质量达成时，被认可的关于健康保护的概率。

3）$\gamma = P_{Q \cap H}(E)$ 是一个生态系数，表示在已知健康和质量达成时，被认可的关于环境保护的概率。

可以通过考虑用上述生态系数的数学乘积来实现绿色模制工艺的条件（子集 $\overset{\cdots}{F}$ 见图3-1）。为了简单起见，通过乘法法则获得的量可以由称为"生态因子"的单个变量来表示，并且由希腊字母 λ 来表示。

通过这种方法，式（3-3）可被写为如下形式：

$$\lambda = \alpha \times \beta \times \gamma \tag{3-4}$$

这个生态因子被认为是一个关键绩效指标（KPI）。它是为了讨论和分析的目的而产生的，它将用于提供模制工艺中 $Q - H - E$ 性能更好的评估。例如，如果生态因子 λ 接近1（100%），则用于模制的工艺完全满足绿色设计的要求并能确保其可持续性。然而，如果生态因子 λ 没有接近可持续标准所要求的目标值，则建议寻找一个新的可替代选择，它能提供新的生态系数，然后产生新的生态因子。表3-1概括了对不同间隔的评估运算，并且利用色标的形式显示了满意度。

表 3-1　λ 的不同生态因子值的概率色标

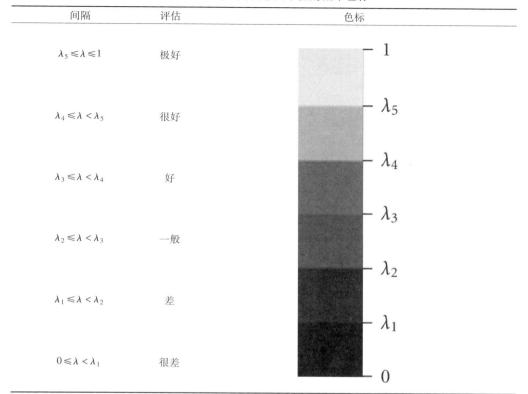

间隔	评估	色标
$\lambda_5 \leqslant \lambda \leqslant 1$	极好	
$\lambda_4 \leqslant \lambda < \lambda_5$	很好	
$\lambda_3 \leqslant \lambda < \lambda_4$	好	
$\lambda_2 \leqslant \lambda < \lambda_3$	一般	
$\lambda_1 \leqslant \lambda < \lambda_2$	差	
$0 \leqslant \lambda < \lambda_1$	很差	

3.3　叶片结构、材料和机械特性

3.3.1　三明治结构

通过考虑基本的空气动力学理论，在参考文献［10］中讨论了翼型截面的设计和选择过程上。在最近的研究中，典型叶片的翼型截面是由一种被称为"芯"（聚苯乙烯）的轻且厚的元件隔开的三明治结构。其上下表面（叶片的外皮）是由玻璃纤维增强层压板制成。为进一步增加纵向叶片刚度，将两个复合纵向加强物合到夹层的内部结构中，如图 3-2 所示。相对于叶片的前缘，加强物位于 25%C 处和 55%C 处，其中 C 表示所考虑的翼型的弦长（见图 3-2）。加强物是由相同的材料制成，用于上下表面间的夹层中。

3.3.2　机械特性

叶片结构在纵向上需要有高强度和高刚度，这要求大部分纤维应是单轴（或几乎

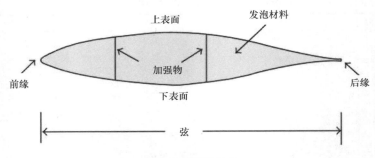

图 3-2　翼型截面

是单轴）对齐的，但也应该提供一些环向强度。垂直和平行于纤维的层的弹性模量分别由 E_1 和 E_2 表示。叶片的外皮是通过单向 E 玻璃纤维（UD 900g/mm²）的几个堆叠序列制造的，其主要定向在 0°方向上（沿叶片长度），一些层定向在 ±45°方向上。

复合材料的特性是基于 60% 纤维体积分数。材料的特性列于表 3-2。

表 3-2　复合材料特性

材料	材料特性				
	E_1/MPa	E_2/MPa	G_{12}/MPa	V_{12}	密度/(kg/m³)
UD99/Epoxy	25350	6265	2235	0.35	4

3.3.3　几何结构和尺寸

图 3-3 说明了风力机叶片的主要侧向尺寸。叶片结构根据不同的厚度分为 4 个区域；因此，考虑了 4 种材料区域。每种材料受到相应区域的影响。另一方面，根据沿叶片长度的应力分布，对每个区域都考虑了从叶片根部到自由端减小其厚度。此外，对于两个内部加强物考虑了第 5 个材料区域，每一个具有 3mm 的厚度。图 3-3 说明了材料的不同区域和它们相对于叶片结构的位置是如何进行划分的。这些定义如下：

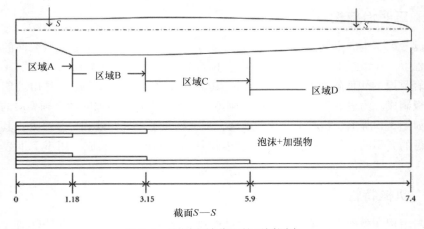

图 3-3　不同区域分配的不同厚度

1）区域 A 对应于上表面或下表面厚度为 12mm 的区域。
2）区域 B 对应于上表面或下表面厚度为 9mm 的区域。
3）区域 C 对应于上表面或下表面厚度为 6mm 的区域。
4）区域 D 对应于上表面或下表面厚度为 3mm 的区域。

3.4　RTM 成型工艺

　　这种成型技术包括将树脂以液态的形式注入到封闭的模型腔中，在此之前，模型腔中已经放置了干纤维加强物（玻璃纤维预成型体）。在这里面主要依靠在封闭的模型腔内发生的压力差，使树脂流动，并因此浸渍预成型件的干增强物[11,12]。图 3-4 所示为 RTM 工艺的顺序，并总结为以下几个阶段：

- 第一步：选择设计单位推荐的纤维增强材料（和基体树脂）。
- 第二步：纤维预制体的准备（纤维取向和堆积顺序）。
- 第三步：放置纤维预制件，合模和排气操作。

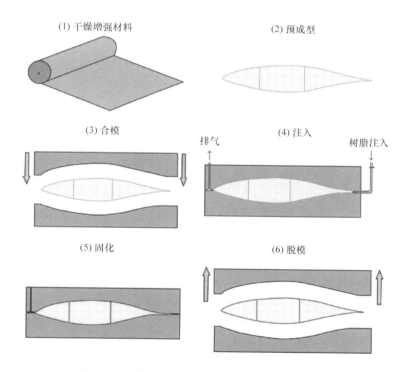

图 3-4　使用 RTM 工艺生产复合叶片零件的步骤

- 第四步：注入树脂，树脂逐渐流动并且浸润纤维床直到填满。
- 第五步：树脂的聚合过程，干燥和硬化（固化）。

- 第六步：开模以及复合叶片零件的脱模。

第四步显然是复合叶片生产过程中非常重要的一步。树脂通过纤维介质注入和流动的步骤是基于达西定律[13]的使用。这一定律主要受树脂渗透率 K 的影响，这一物理特性代表了树脂通过所选择的纤维材料的能力[14]。此外，这种渗透性取决于若干因素，例如增强材料的性质，纤维的方向和排列，层的堆叠顺序，树脂的温度，注入口及排气口的位置等。因此，在各向异性纤维介质[15]中的流动模拟必须进行仔细的研究，并且应正确定义渗透率值，因为在计算这些值时的一个小错误所导致的相当大的变化，这在实践中是无法接受的。

3.5　渗透性的公式化（达西定律）

3.5.1　测量渗透率原理（一维流 1D）

在 1856 年，达西定律已经表明，对于层流中的牛顿不可压缩流体，流体在均匀各向同性介质中的速度与压力梯度成正比，与其动态黏度成反比[13]：

$$v = \frac{Q}{S} = \frac{K}{\mu} \times \frac{\Delta P}{\Delta L} \tag{3-5a}$$

式中，v 是流体速度（m/s）；Q 是释放速度（m³/s）；S 是流体流动的截面积（m²）；K 是介质的渗透率（m²）；μ 是流体黏度（Pa·s）；ΔP 是压力差（Pa）；ΔL 是渗透性介质的长度（m）。

利用压力梯度表示法（即 $\nabla P = \Delta P / \Delta L$）可导出

$$v = \frac{K}{\mu} \times \nabla P \tag{3-5b}$$

3.5.2　纵向渗透率与横向渗透率（三维流 3D）

式（3-5b）表示的关系可在一个三维系统中得到推广，如图 3-5 所示。

因此，在三维系统树脂流中（3D），广义的达西定律可被写成如下的紧凑形式[16,17]：

$$\bar{v} = -\frac{1}{\mu}[K]\nabla P \tag{3-6a}$$

或者使用下面的形式：

$$\begin{Bmatrix} v_x \\ v_y \\ v_z \end{Bmatrix} = -\frac{1}{\mu} \begin{bmatrix} K_{xx} & K_{xy} & K_{xz} \\ K_{yx} & K_{yy} & K_{yz} \\ K_{zx} & K_{zy} & K_{zz} \end{bmatrix} \begin{Bmatrix} \dfrac{\delta P}{\delta x} \\ \dfrac{\delta P}{\delta y} \\ \dfrac{\delta P}{\delta z} \end{Bmatrix} \tag{3-6b}$$

式中，v 是速度矢量（m/s）；$[K]$ 是渗透率张量（m²）；∇P 是压力梯度（Pa/m）。

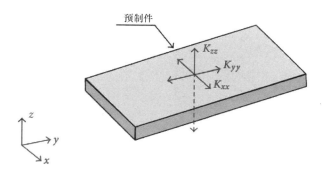

预制件

K_{zz}

K_{yy}

K_{xx}

z

y

x

⟷ 纵向渗透性

⟷ 横向渗透性

图 3-5 在一个三维系统中的纵向渗透性与横向渗透性

在大多数情况下，与复合叶片的尺寸（长度和宽度）相比，它的压层厚度相对较薄。因此，通过预制件厚度的横向渗透性可以被忽略。基于这种假设，式（3-6b）可用二维流系统（2D）写为下面的形式：

$$\begin{Bmatrix} v_x \\ v_y \end{Bmatrix} = -\frac{1}{\mu} \begin{bmatrix} K_{xx} & K_{xy} \\ K_{yx} & K_{yy} \end{bmatrix} \begin{Bmatrix} \dfrac{\delta P}{\delta x} \\ \dfrac{\delta P}{\delta y} \end{Bmatrix} \tag{3-7}$$

由于渗透率张量 K 取决于纤维的方向（见图 3-6），所以它可被写为[17]

1）在（1, 2）主坐标系中：

$$\begin{bmatrix} K_{xx} & K_{xy} \\ K_{yx} & K_{yy} \end{bmatrix} = \begin{bmatrix} K_{11} & 0 \\ 0 & K_{22} \end{bmatrix} \tag{3-8}$$

2）在（x, y）通用坐标系中：

$$\begin{bmatrix} K_{xx} & K_{xy} \\ K_{yx} & K_{yy} \end{bmatrix} = \begin{bmatrix} K_{11}C^2 + K_{22}S^2 & (-K_{11} + K_{22})CS \\ (-K_{11} + K_{22})CS & K_{11}S^2 + K_{22}C^2 \end{bmatrix} \tag{3-9}$$

式中，$C = \cos(\theta)$，$S = \sin(\theta)$。

另外，在（1, 2）系统中的渗透率可以通过 Carman – Kozeny 方程来评估[18]，如下所示：

$$K_{ij} = \frac{1}{K_{ij}} \frac{R_f^2}{4} \frac{(1 - V_f)^3}{V_f^2} \quad (i, j = 1,2) \tag{3-10}$$

式中，K_{ij} 是 Kozeny 常量；R_f 是纤维半径；V_f 是体积含量。

另一方面，由每层厚度为 h' 的层所组成的预制件，其平均渗透率可以根据以下叠加法则计算[17]：

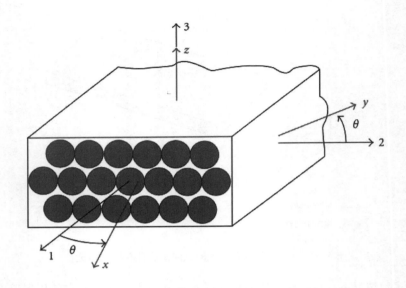

图 3-6　纤维多空介质的主坐标系和通用坐标系

$$\overline{K}_{ij} = \frac{1}{H} \sum_{l=1}^{n} h^l K_{ij}^l \tag{3-11}$$

式中，H 是预制件的总厚度，h^l 是一层的厚度。

使用达西律和连续性方程组合产生了控制压力分布的方程，它可以写成如下的紧凑形式：

$$\nabla \cdot \left(\frac{K}{\mu} \nabla P \right) = 0 \tag{3-12a}$$

或者用微分展开形式，式（3-12a）可如下表示：

$$\frac{\partial}{\partial x}\left(\frac{K_{xx}\partial P}{\mu \partial x}\right) + \frac{\partial}{\partial x}\left(\frac{K_{xy}\partial P}{\mu \partial y}\right) + \frac{\partial}{\partial y}\left(\frac{K_{yx}\partial P}{\mu \partial x}\right) + \frac{\partial}{\partial y}\left(\frac{K_{yy}\partial P}{\mu \partial y}\right) = 0 \tag{3-12b}$$

所得到的方程组可用数值方法求解，相应的边界条件一般可定义如下[18]：

1）在注入口：$P = P_0$（恒定压力）。

2）在流的前端：$P = P_f$（大气压力，即 101.325kPa）。

3）在模壁：$\delta P / \delta n |_{wall} = 0$。

在目前的调查中，在计算机程序中使用了有限元法。

值得注意的是，本研究仅以数值分析为重点，对平面各向异性纤维预制体中树脂流动的行为进行了探讨，并给出了风力机叶片的特性。显然，为了测试计算的相关性，应该对试验研究进行特定的调查。这个问题将在后面进行调查，一旦有了有效的实验结果，他们的评论将在以后的出版物中进行讨论。

3.6　结果与讨论

对于主要应用于近海的大型风力机复合叶片，树脂注入是以顺序方式进行的[19]。在这种 RTM 工艺模拟中，注入口位于后缘，而排气口位于前缘。图 3-7 显示了这些口的位置，说明了工序是如何开始的。注入过程是从叶片的根部开始，形成 S_1 部分的特征形状。在其后的部分是最关键的区域，这部分在工作中要承受高应力。一旦对应于 S_1 部分的纤维预制件被树脂浸透，注入操作随后逐渐移动到下一部分 S_2。以此类推，直至到达最后一部分 S_n，这一部分对应于风力机叶片的自由端。

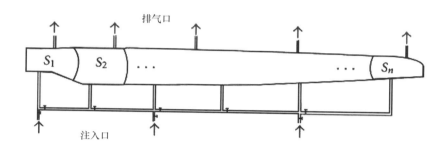

图 3-7　使用 RTM 顺序注入法对纤维预制件进行逐步注入

为了进一步概括当前的成型技术，并且在树脂填充阶段了解树脂流动行为，在本分析中考虑了两个单向纤维预制件。第一个预制件是由一定数量的单层厚度为 9mm 的单向层构成。而第二个预制件是由具有不同纤维方向的两层所构成，其每个层的厚度被认为等于 4.5mm。纤维预制件是方形平板，其尺寸为 40cm×40cm。它被认为是从最初的叶片结构中所提取（即对应于 B 区域的上表面或下表面）。

图 3-8a 所示为注入口和排气口的位置，它们分别被设置于模具边缘的中部和与其相对的位置。

在模具填充阶段，通过纤维预制件的树脂流动行为的数值仿真是利用基于式（3-6a）和式（3-6b）有限元程序来计算的。如图 3-8b ~ d 所示，压力场的各种浓度以不同颜色的形式给出。

3.6.1　一个单向层情况下树脂流动行为的仿真

在这个分析中考虑了三种单一的纤维方向（即 $\theta = 0°$、$\theta = 90°$ 和 $\theta = 45°$），并且在图 3-8 中说明了其输出结果。可以看到，树脂沿纤维方向 $\theta = 0°$ 的流动（见图 3-8b）比其他方向（见图 3-8c、d）的更为重要。其原因是纤维的纵向方向上存在着重要的孔隙体积分数。这些孔隙对通过多孔介质的树脂流提供了优先路径，并将加快浸渍的过

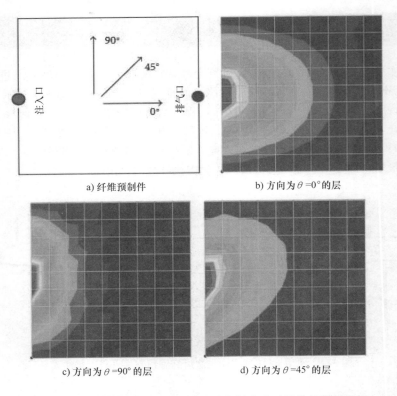

a) 纤维预制件

b) 方向为 $\theta = 0°$ 的层

c) 方向为 $\theta = 90°$ 的层

d) 方向为 $\theta = 45°$ 的层

图 3-8   单层纤维预制件模具填充阶段树脂流动行为的数值模拟

程。另一方面，当纤维的方向为 $\theta = 90°$ 时，其流速是缓慢的（见图 3-8c）。这可以通过纤维方向垂直树脂流动方向的情况加以解释，这种结构会形成一种屏障，它会使树脂的扩散变得不那么容易，因为在这个方向上的孔结构较少。因此，就单点注入位置而言，树脂的同心流动的概念对各向异性单向纤维的增强并不具有代表性。

3.6.2   两个单向层情况下树脂流动行为的仿真

对于本案例的研究中，注入口和排气口的位置与前面的分析保持一致，如图 3-9a 所示。然而，在这里形成层压的纤维预制件的数量是加倍的，并且每一层的方向具有特定的角度。为此，在本分析中考虑了具有不同层取向的 3 个案例，对其进行分析，并通过下列标记序列来表示：［45°/90°］、［45°/0°］、［90°/0°］ 和 ［45°/ – 45°］。这个调查的输出结果，在图 3-9b ~ d 中已有展示。从这里可以看到通过纤维预制件的堆叠排列呈现大量孔隙分布的情况下，产生的流动呈主导地位，从而提供了更好的树脂流动性（见图 3-9c）。相反，树脂的排水是各向异性的、缓慢的并且对于图 3-9b 所示的情况不那么重要。进一步应该指出，在纤维方向上，渗透性也取决于堆叠顺序（主要是横向渗透性）。

　　适当的堆叠顺序的选择通常是由有限元结构分析所决定。并且输出的数值结果必须符合新的认证规范所要求的标准。然而，层中纤维取向的任何改变，一方面可以促进排水过程。但这种改变另一方面，也可能影响材料的机械性能，从而影响到叶片产品的刚度和强度。堆叠顺序的最终选择必须满足数值计算所确定的条件以及由 RTM 工艺原理所确定的条件。在执行这个过程之前，应仔细研究这一特定问题。

　　值得注意的是，将渗透性的精确值集成到 RTM 工艺模拟软件中，可以为研究树脂流动行为提供一种可接受且可靠的方法。另外，在模具填充阶段，可以看到构成预制件的每一层的压力曲线。

　　未来的 RTM 工艺仿真软件应考虑 3.1 节所讨论过的生态影响，并寻找促进绿色设计的方法。然而，对于一些软件和仿真代码来说情况却并不是这样。

　　此外，叶片结构的形状、树脂黏度、温度变化和注入口、排气口的位置是影响树脂转移现象及其流动行为的其他参数。还需要对这些参数进行其他的开发和探索性研究，以便能更好地模拟问题，并通过良好的测试分析相关性来接近实际案例。

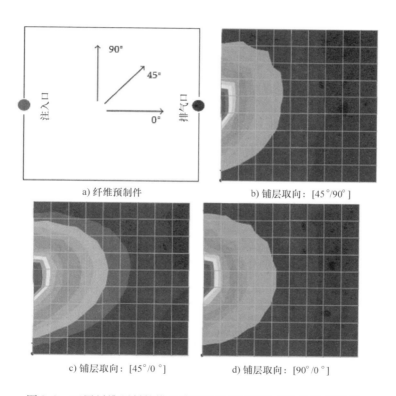

a) 纤维预制件　　　　　　　　b) 铺层取向：[45°/90°]

c) 铺层取向：[45°/0°]　　　　d) 铺层取向：[90°/0°]

图 3-9　双层纤维预制件模具填充阶段树脂流动行为的数值模拟

3.7　总结

今天，质量保证、健康防护和环境保护已成为相互依赖和相互关联的方面，被认为是响应可持续发展概念的主要因素。在这样的背景下，开发新一代大型海上风力机的战略，会在应对气候变化方面发挥重要作用。然而，制造风力机部件，特别是制造风力机叶片的方法必须是绿色和环保的。

从这种分析中可以得到的关键好处是，RTM 工艺能提供生产复合风力机叶片的工业解决方案。这种解决方案可以提高成本效益并提高生产率。此外，与传统制造技术相比，它是一种清洁的工艺，污染较小并且可以节省大量的时间，而且完全不使用半壳粘合工艺。一次性注入形成的叶片产品，在它的两侧都显现出优秀的质量和良好的机械性能。这些优异的性能无疑会引起相关业界和研究人员的关注。它也将促进有关超大型风力机的创新和创造力，特别是未来在海上的应用。

考虑到这种生态方式，环保意识的设计师、供应商和用户将大大鼓励这些制造技术的进步和发展。它能为工业界提供新的方法和工艺，并使其应用于风力机叶片的现代技术中。

本章给出的数值分析强调了复杂系统中的树脂流动行为数值模拟不能仅依赖于一种分析程序。在进行参数研究之前，应对实验过程中的有限元解进行综合建模。

参 考 文 献

1. TPWind Secretariat, "2010–2012 Implementation Plan," Wind European Industrial Initiative Team, May 2010, http://setis.ec.europa.eu/activities/implementation-plans/Wind_EII_Implementation_Plan_final.pdf/view.

2. B. Attaf and L. Hollaway, "Vibrational analyses of glass-reinforced polyester composite plates reinforced by a minimum mass central stiffener," Composites, vol. 21, no. 5, pp. 425–430, 1990.

3. B. Attaf, "Generation of new eco-friendly composite materials via the integration of ecodesign coefficients," in Advances in Composite Materials-Ecodesign and Analysis, B. Attaf, Ed., pp. 1–20, Intech, Rijeka, Croatia, 2011.

4. B. Attaf, "Structural ecodesign of onshore and offshore composite wind turbine blades," in Proceedings of the 1ère Conférence Franco-Syrienne sur les Energies Renouvelables, Damascus, Syria, 2010.

5. B. Attaf, "Eco-conception et développement des pales d'éoliennes en matériaux composites," in Proceedings of the 1er Séminaire Méditerranéen sur l'Energie Eolienne, Algeria, 2010.

6. D. Cairns, J. Skramstad, and T. Ashwill, "Resin transfer molding and wind turbine blade construction," Technical Note SAND99-3047, Sandia National Laboratories, California, Calif, USA, 2000.

7. S. G. Advani, Flow and Rheology in Polymer Composites Manufacturing, Composite Materials Series, Elsevier Science, Amsterdam, The Netherlands, 1994.

8. B. Attaf, "Towards the optimisation of the ecodesign function for composites," JEC Composites Magazine, vol. 34, no. 42, pp. 58–60, 2007.

9. B. Attaf, "Probability approach in ecodesign of fibre-reinforced composite structures," in Proceedings of the Congrès Algérien de Mécanique (CAM '09), Biskra, Algeria, 2009.

10. S. M. Habali and I. A. Saleh, "Technical note: design and testing of small mixed airfoil wind turbine blades," Renewable Energy, vol. 6, no. 2, pp. 161–169, 1995. View at Scopus

11. K. M. Pillai, "Governing equations for unsaturated flow through woven fiber mats. Part 1. Isothermal flows," Composites A, vol. 33, no. 7, pp. 1007–1019, 2002.

12. C. Nardari, B. Ferret, and D. Gay, "Simultaneous engineering in design and manufacture using the RTM process," Composites A, vol. 33, no. 2, pp. 191–196, 2002.

13. H. Darcy and V. Dalmont, Les Fontaines Publiques de la Ville de Dijon, Paris, France, 1856.

14. Y. Luo, I. Verpoest, K. Hoes, M. Vanheule, H. Sol, and A. Cardon, "Permeability measurement of textile reinforcements with several test fluids," Composites A, vol. 32, no. 10, pp. 1497–1504, 2001.

15. A. Shojaei, S. R. Ghaffarian, and S. M. H. Karimian, "Three-dimensional process cycle simulation of composite parts manufactured by resin transfer molding," Composite Structures, vol. 65, no. 3-4, pp. 381–390, 2004.

16. K. Hoes, D. Dinescu, H. Sol et al., "New set-up for measurement of permeability properties of fibrous reinforcements for RTM," Composites A, vol. 33, no. 7, pp. 959–969, 2002.

17. C. H. Park, W. I. Lee, W. S. Han, and A. Vautrin, "Weight minimization of composite laminated plates with multiple constraints," Composites Science and Technology, vol. 63, no. 7, pp. 1015–1026, 2003.

18. H. Jinlian, L. Yi, and S. Xueming, "Study on void formation in multi-layer woven fabrics," Composites A, vol. 35, no. 5, pp. 595–603, 2004.

19. P. Desfilhes, "Composites—l'automatisation des grandes pieces," L'Usine Nouvelle, no. 2819, pp. 48–50, 2002.

第4章
利用微分进化算法对垂直轴风力机气动外形的优化

Travis J. Carrigan，Brian H. Dennis，Zhen X. Han，Bo P. Wang

4.1　简介

4.1.1　可替代能源

随着世界对不可再生能源的持续消耗，风能将继续得到普及。风力发电技术的新兴市场已经出现。这种技术可以有效地将风中的能量转化为可用的能量，如电能。而这项技术的基石是风力机。

风力机是一种涡轮机，它通过使用叶片和轴将流体能量转化为机械能，再通过发电机将机械能转换为电能。风力机的分类取决于气流是平行于旋转轴线（轴向流动）还是垂直于轴线（径向流动）。

4.1.2　风力机类型

基于叶片的配置和运行，存在两种主要类型的风力机。第一种是水平轴风力机（HAWT）。这种类型的风力机是最普通的。并且经常可以看到这种风力机散布在地貌相对平坦的区域，而这些地区的全年风况也是可以预测的。水平轴风力机放置在一个大型塔架的顶端，并且具有一套叶片。这些叶片沿平行于气流方向的轴转动。这种风力机几十年来一直是风力机研究的主要课题，主要因为它与旋翼飞机有着通用的操作方法和动力学特性。

第二种主要的风力机型是垂直轴风力机（VAWT）。这种类型的风力机，其叶片绕垂直于气流的轴旋转。因此，它可从任何方向捕获风。垂直轴风力机由两种主要的类型构成：达里厄（Darrieus）风轮型和萨渥纽斯（Savonius）风轮型。达里厄风力机是一种垂直轴风力机，它绕着中心轴线转动，由旋转的叶片产生的升力使其旋转。而萨渥纽斯风力机的风轮旋转，是由于它的叶片产生的阻力。在风电行业也出现了一种新型的垂直轴风力机，它是达里厄风力机和萨渥纽斯风力机的混合型设计。

4.1.2.1　垂直轴风力机

近来，由于对个人绿色能源解决方案的兴趣，垂直轴风力机一直在不断普及。世界各地的小型公司都在向市场推广这种新设备，如 Helix Wind、Urban Green Energy 和 Windspire。垂直轴风力机针对个人住宅、农场或小型住宅区，可作为一种为当地和个人提供风能的方式。这降低了目标个体对外部能源资源的依赖，开辟了可替代能源技术的全新市场。由于垂直轴风力机小巧、安静、易于安装，可从任何方向捕获风，并能在湍流风的条件下有效工作，所以它在风力机研究中开辟了一个新的领域，它满足了希望控制和投资小型风能技术的个人需求。

这种设备本身相对简单。它主要的运动部件是风轮，像齿轮箱和发电机这样更复杂的部件位于风力机的底部。这使得安装垂直轴风力机成为一项"无痛"任务，它可以很快的完成。制造一台垂直轴风力机要比制造一台水平轴风力机简单得多。这是因为垂直轴风力机具有不变的叶片横截面。由于垂直轴风力机简单的制造工艺和安装，使它非常适合于住宅应用。

垂直轴风力机的风轮是由具有多个恒定横截面的叶片构成。这种风轮被设计成在各种攻角下都能实现良好的气动特性。水平轴风力机在旋转时，叶片会对轴施加一个恒定的转矩。而垂直轴风力机与此不同，它在垂直于气流的方向上旋转，导致叶片在旋转轴上振荡。这是由于每个叶片的局部攻角是其方位角的函数。因为每个叶片在任何时间点具有不同的攻角，所以通常会寻求平均转矩作为目标函数。即使水平轴风力机的叶片必须设计成具有不同的横截面和转矩，但它们在整个旋转过程中只能以单一的攻角来运行。然而，垂直轴风力机的叶片是这样设计的，它们在经历各种攻角的整个旋转过程中，呈现出良好的气动性能，这就使其具有高平均转矩。达里厄垂直轴风力机（D - VAWT）的叶片通过产生升力来产生转矩，而萨渥纽斯垂直轴风力机（S - VAWT）是通过阻力来实现的。

4.1.3　计算模型

关于风力机的大部分研究都集中在准确预测效率。有各种不同的计算模型，在试图利用它们准确预测风力机性能时，每个模型都有着各自的优点与缺陷，关于一般方程组的求解方法的描述可在 4.2 节中找到。相较于传统的实验技术，对风力机性能的数值预测具有巨大的优势。其主要的好处是计算研究比昂贵的实验更经济。

在参考文献 [1, 2] 中对预测垂直轴风力机性能的气动模型进行了研究。虽然已经公布了其他的一些方法，但主要的三种模型是动量模型、涡旋模型和计算流体动力学（CFD）模型。这三种模型中的每一个都是基于一种简单的思想建立的，即对于单个叶片的各种方位角的位置，能够确定它的相对速度，进而确定其切向力分量。

4.1.3.1　计算流体动力学（CFD）

计算流体动力学（CFD），由于其具有灵活性的特点，因而越来越受到欢迎。它可用于分析风力机研究中复杂的非定常空气动力学特性[3,4]，同时已经证明它产生的数据结果可与实验数据相媲美[5,6]。与其他的模型不同，CFD 在预测高硬度或低硬度风力机性能，或各种叶尖速度比时没有显示出任何问题。然而，需要注意的是，使用 CFD 预测风力机性能通常需要具有滑动面的巨大计算域，以及额外的湍流建模来捕获非定常的影响；因此，CFD有可能计算成本很大。

4.1.4　目标

当前工作的目的是论证一种概念验证优化系统和类似于参考文献［8］引入的方法。同时，旨在最大限度地提高转矩，从而在固定叶尖速度比的情况下提高垂直轴风力机的效能。为实现这个目标，我们选择一个合适的模型来预测垂直轴风力机的性能，同时需选择一个鲁棒性算法和一个灵活的翼型几何外形系列。

最近的研究已经使用了用于性能预测和优化算法的耦合模型。参考文献［9］的作者使用了CFD，它结合了实验/响应面方法的设计方法。在这里只关注在两个维度使用七控制点贝塞尔曲线的对称叶片外形。Bourguet只模拟了一个低硬度的叶片，以避免不希望的非定常效应。他发现，当存在几个局部最优的可能性时，随机优化算法更适合于工作，因为它们比基于梯度的算法更有效。参考文献［10，11］的作者在多目标优化程序中利用优化算法耦合低阶性能预测方法。他们的研究都集中在水平轴风力机而不是垂直轴风力机上。研究还导致产生了使用CFD设计和优化的专利叶片[12]。除了使用优化技术，逆向设计方法也可以被用于寻找满足具有指定设计特性的固定叶尖速度比的优化设计。然而，逆向设计技术需要经验和直觉来指定所需的性能，但是优化设计允许生成的设计常常超出设计者的直觉。在回顾了现有模型和最近的研究成果之后，CFD被选为预测垂直轴风力机性能的合适工具，这是因为它的灵活性和准确性。由于在局部可能达到最优，以及能满足对几何柔性的浮点优化的要求，所以选择了并行随机微分进化算法进行优化。选择NACA 4系列翼型截面作为参数优化后的几何形状，允许产生对称的或弧形的翼面形状。之所以将这种方法和以往所有的分开，是考虑到对称翼型和弧形翼型的几何形状，以及用于各种设计点的三叶片风力机的全二维非定常模拟。

4.2　垂直轴风力机的性能

4.2.1　风速和叶尖速度比

根据美国国家气候数据中心的数据，美国的年平均风速大约是4m/s[13]。认识到目前已开发的大多数风力机通常在风速低于3m/s时开始发电，标准额定风速仍高达12m/s。确定风力机运行时的风速是预测其性能的最重要的步骤，这甚至有助于确定风力机的初始尺寸。一旦风力机运行时的风速被选定，则在风力机设计中的第一步是选择运行时的叶尖速度比[14]，它可表示为

$$\lambda = \frac{\omega r}{V_\infty} \tag{4-1}$$

也就是风力机旋转速度 ωr 和自由液体速度分量（风速）V_∞ 之比。

4.2.2 几何形状确定

一旦 λ 被选定，垂直轴风力机的几何形状就可以通过一个被称为实度的无量纲参数来确定。实度可表示为

$$\sigma = \frac{Nc}{d} \tag{4-2}$$

实度是一个关于叶片数量 N 的函数，其中 c 为叶片的弦长，d 为风轮的直径。实度代表风力机叶片在风轮扫略面上的投影面积之和与扫略面积的比值。

4.2.3 性能预测

随着 λ 的选定和垂直轴风力机几何形状的确定，下一步是预测风力机的实际性能。要做到这一点，重要的是确定每个叶片上的作用力。这是由相对风分量 W 和攻角 α 支配的。这个攻角可在图 4-1 中的达里厄垂直轴风力机叶片的横截面快照中看到。当叶片旋转时，由于相对速度 W 的变化，局部攻角 α 会发生变化。叶片的诱导速度 V_i 和旋转速度 ωr 支配了相对速度的方向和大小。这反过来改变了作用在叶片上的升力 L 和阻力 D。由于升力和阻力都改变了大小和方向，它们的合力 F_R 也随之改变。合力可以被分解为法向分量 F_N 和切向分量 F_T。正是这种切向力推动风力机旋转，并且产生了发电所需的转矩。

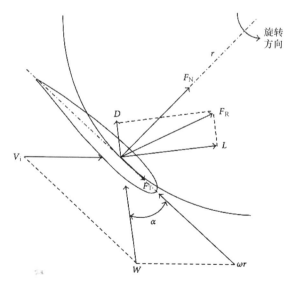

图 4-1 达里厄型风力机的速度和力的分量

4.2.3.1 平均转矩

对风力机空气动力学中所涉及的基础物理学进行仔细考察，发现攻角 α 受制于叶尖

速度比 λ 。并且一旦 λ 被确定，升力 L 和阻力 D 可通过经验获得或利用 CFD 方法计算得出。然后通过将 L 和 D 除以动态压力得到升力系数 C_l 和阻力系数 C_d 。使用这样的方法使 L 和 D 无量纲化。这些系数被用于计算切向力系数

$$C_r = C_l \sin\alpha - C_d \cos\alpha \qquad (4-3)$$

为重新得到实际的切向力，将 C_t 乘以动态压力

$$F_T = \frac{1}{2} C_t \rho ch W^2 \qquad (4-4)$$

式中，ρ 是空气密度，h 是风力机的高度。注意式（4-4）所代表的切向力只在一个方位位置，这一点很重要。因此，在计算转矩之前必须反复确定 α 、C_t 和 F_T 。

因为 F_T 是在所有的方位位置下计算出的，所以它被认为是 θ 的函数，并且一个叶片旋转的平均切向力是

$$F_{Tavg} = \frac{1}{2\pi} \int_0^{2\pi} F_T(\theta) \mathrm{d}\theta \qquad (4-5)$$

式中，旋转轴半径为 r 的 N 个叶片的平均转矩由下式得到

$$\tau = N F_{Tavg} r \qquad (4-6)$$

4.2.3.2 功率和效率

预测风力机性能的最后一步是确定它能从风中获取的能量，以及考虑它如何有效地来完成这项任务。风力机能从风中得到的功率是

$$P_T = \tau \omega \qquad (4-7)$$

因此，风力机的效率仅仅是风力机产生的功率和风中可利用的功率的比值，可由下式来表示

$$COP = \frac{P_T}{P_W} = \frac{\tau \omega}{1/2 \rho dh V_\infty^3} \qquad (4-8)$$

式（4-8）在这项工作中有着重要的意义，因为它代表着一个无量纲的性能系数（COP）。而 COP 是转矩的函数，它也是用于气动形状优化的目标函数。

应该提到的是，设计风力机的目标是尽可能多地获取能量。分析式（4-5）和式（4-8）可以发现，当风力机的高度增加后，F_T 也会增大，所以 τ 会增大，理论上 COP 将不受影响。然而，若期望增加 P_T ，是可以通过增加风力机的高度来实现的。在给定 λ 的情况下，为了增加风力机的效率就必须调整叶片形状和 σ 。式（4-5）是 C_t 和 c 的函数，在这里 C_l 是叶片形状的函数，而 c 是 σ 的函数。因为叶片的形状，σ 和 C_l 紧密相关，因此想要选择一种叶片形状使其效率最大化就会很困难。因此，要达成此任务并不简单，它需要一种迭代法和一种简单的、自动优化的方法来实现。

4.3 方法论

4.3.1 要求

为使当前的研究目标可行，要实现一种设计构架，这种设计构架可达成简单、模块

化和自动化的要求。成功地采用一种物理系统，如风力机，并尝试调整、分析和优化设计以满足一个或多个目标，需要的不仅仅是一些捆绑文件和要求用户输入的程序。事实上，正是这样的认识激发了一种简单的、自动优化的方法设想。这里提出的方法论是一种独特的模块化系统，旨在放宽计算机的操作系统间的联系，并简化设计过程。这样就可以有更多的时间用于分析解决方法和弄清问题背后的物理原理。

4.3.2　针对性模块化设计

　　一个模块化系统是可以将系统内部的所有部分删除或替换，而不会影响系统内部的工序流程。因此，对于要删除或替换的模块，必须用具有等效功能的模块去代替它。图4-2 说明了这个概念，它适用于风力机的优化和这项工作中所使用的方法。优化过程的第一步是生成几何外形。这个几何外形是使用笛卡儿坐标系来描述的，并通过网格生成模型。这种工具用于离散化流体领域，并将特定的文件输出到 CFD 求解模块。这个模块计算出一个解，并将信息传递到后序处理模块。后序处理工具操作数据，计算目标函数值并把它传递给优化器。如果目标函数被认为是一个最大值，优化终止。如果不是最大值，此过程开始。本工作中每个模块的使用细节将在下一节中讨论。

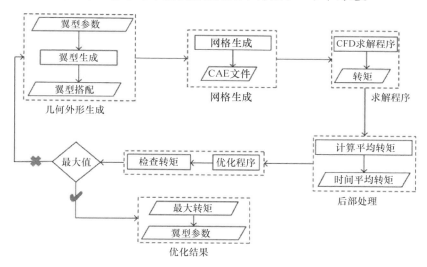

图 4-2　垂直轴风力机优化方法论

4.4　工具箱

4.4.1　几何外形生成

　　优化的目标是找到一种气动外形。这种外形在固定叶尖速度比的情况下最大化风力机的效率。第一步是选择合适的形状，或形状系列，它可能通过优化工艺调整。一个显而易见的选择是 NACA 4 系列翼型。大部分垂直轴风力机使用的是 NACA 翼型叶片，因为它们易于制造并且具有的特点广泛可用。

4.4.1.1　NACA 4 系列翼型

NACA 4 系列翼型是通过中弧线和厚度分布来定义的。在图 4-3 中，中弧线是用一条将翼型从中间分开的虚线来表示的。弦线是一条简单的直线，它连接了翼型的前后边缘，这条线的长度被定义为弦长。最大厚度 t 位于 NACA 4 系列翼型弦长的 30% 处。最大弯度 m，也就是中弧线上的最大纵坐标，它位于距离翼型前缘 p 处。m 和 t 被表示为弦长的百分比。m、p、t 构成的四位数字确定了 NACA 4 系列中的具体翼型[⊖]。同时它们也是优化中所需的参数。

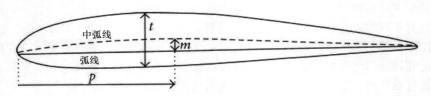

图 4-3　NACA 4424 4 系列翼型

参考文献［15］中介绍了用于定义 NACA 4 系列翼型形状的方程。翼型的中弧线被描述成一条解析定义的曲线，它是由两条在最大弯曲处相切的抛物线组成。相对于 x 坐标轴，中弧线的纵坐标可以被表示为

$$
y_c = \begin{cases} \dfrac{m}{p^2}(2px - x^2) & \text{最大纵坐标之前} \\[3mm] \dfrac{m}{(1-p)^2}\left[(1-2p) + 2px - x^2\right] & \text{最大纵坐标之后} \end{cases} \tag{4-9}
$$

式中，m 是最大弯度，p 是按翼弦方向最大弯度的位置。一旦中弧线被确定，则厚度可通过下面的公式求出：

$$
\pm y_t = \frac{t}{0.20}(0.29690\sqrt{x} - 0.12600x - 0.31560x^2 + 0.28430x^3 - 0.10140x^4)
$$

$$\tag{4-10}$$

式中，t 是位于弦线 30% 处翼型的最大厚度。在对不同的 x 轴坐标位置上（通常是从 0 到 1）定义好弯度和厚度分布后，就可以得到上下翼面的坐标。

4.4.1.2　翼型约束条件

为了在网格生成的过程中保持较高的单元格质量，以及得到收敛的 CFD 解，对定义翼型并能进行优化的参数设置约束条件，这样可以使其归一化为 0 到 1 之间的数值。这种想法是为在具有巨大前后缘弯度的翼型上生成网格的过程中，避免边界层上单元格

⊖　根据 NACA 翼型编号的定义，以图 4-3 为例，NACA 4424 中 $m=4\%$，$p=0.4$，$t=24\%$。——译者注

的冲突。当对生成的翼型施加约束后，可以得到更小的解空间。在经过大量的测试后，我们已经采用了这样的做法，这可以确保最优几何外形是在解空间内找到而非边界上。但这种方法使我们相信，更小的解空间会导致更少的可行性设计。这是因为最优算法的选择中参数的取值会用到浮点数，从本质上说可以实现无限数量的翼型设计。

4.4.2　网格生成

在垂直轴风力机的几何外形被确定后，下一步是计算区域离散为 CFD 过程中的预处理步骤。区域离散化的行为被称为网格生成，这是 CFD 过程中最重要的步骤。对于简单的几何形状，且预先知道气流的方向，则通常可以直接创建网格。对于这样的气流，可以使用高质量的结构化网格来精准地捕获气流的物理现象。然而，当几何外形变得复杂，并且随着气流产生湍流和分离时，网格的生成就不再是一项微不足道的任务了。对于这样的气流，非结构化网格构成的三角形和四面体增加了灵活性并且经常被使用。

4.4.2.1　网格的注意事项

由于结构化或非结构化技术都可以用于离散化计算域，所以运用求解器的能力来确定其对不同单元格类型的敏感性是非常重要的。可以在图 4-4 中看到在参考文献 [7] 中提出了一个很好的标准。在这幅图中，多块结构化网格被认为提供了最高水平的黏性精度；它还表明混合网格拓扑结构将提供一个平衡的精度及自动化水平。这是优化过程的一个重要特征。

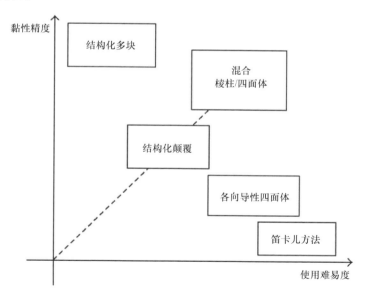

图 4-4　网格类型精度和使用难易度的关系[7]

　　在对用于垂直轴风力机仿真的网格类型做出最终决策之前，要进行一个综合的网格依赖性研究，以便能找出网格的独立解。对于这项工作，建立了一系列的多块结构化网格，以及一系列的等效混合网格。计算了每个网格的转矩，并且找到一个网格的独立解。关于网格的生成和依赖性研究的细节将在 4.5 节中进一步讨论。

　　人们在空气动力学设计和优化方面利用非结构化网格生成技术做了广泛的工作[16-19]。基于这些工作和网格独立化研究的结果，选择混合网格是最适合于此工作的。混合网格是由结构化边界层和过渡到远场的各向同性三角形所构成，可在图 4-5 中看到垂直轴风力机叶片的前缘。这种选择提供了一种灵活的和完全自动化的方法，此方法可用于许多垂直轴风力机外形的网格生成。

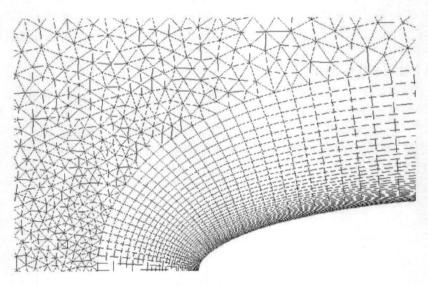

图 4-5　对于叶片几何外形的前缘边界层网格

4.4.2.2　Pointwise[⊖]

　　在垂直轴风力机的研究中，Pointwise V16.02 被用于产生网格。对于网格独立性的研究，结构化网格被手工构建，而自动化网格生成技术被用于构建混合网格。远场被分为旋转和非旋转区域，并且既使用结构化也使用非结构化元素对其进行离散化。当构建混合网格时可使用 Pointwise 的脚本功能，并且它允许翼型外形的网格生成，以便能够将其轻松地集成到优化过程中。Pointwise 的脚本利用 GlyPh2 基于 Tcl 来编写。把翼型的几何外形作为 x，y 坐标列表输入，并且根据若干用户定义的参数（如边界层初始单元格高度）和风力机的实度来构建混合网格。自动化脚本还设置了相应的边界条件，并能为求解器输出文件。

　　⊖　网格产生软件——译者注

4.4.3　求解器

一旦计算域被离散化，则使用适当的离散化技术来求解流体流动控制方程，以便计算转矩。商业求解软件 FLUENT V6.3 可用于这项工作[20]。FLUENT 使用有限体积法来离散化控制方程的积分形式。

4.4.3.1　数值方法

对于仿真，选择了基于压力分离的求解器。这种求解器使用了 SIMPLE 算法，来处理存在的压力 – 速度耦合问题。一种对于压力的二阶插值方案连同一种对于动量方程和改进湍流黏度的二阶逆风离散化方案被采用。对流通量和扩散通量的离散化所需的梯度是通过使用基于网格单元格的方法计算出的。由于仿真是依赖于时间的，所以对于时间离散化选择二阶隐式时间积分。选择一个足够小的时间步长，这样可以减少每个时间步长的迭代次数，并能适当地模拟瞬态现象。

湍流模型是通过使用 Spalart – Allmaras 单方程湍流模型来完成的，其中湍流黏度是通过一个传递方程的解得到的[21]。对于叶片，在不同的方位角上 y^+ 是不同的，但是会稳定地位于边界层黏性子层（$y^+ < 5$）里网格相邻壁上第一个单元格的几何中心。由于网格能很好地处理黏性边界层，因此层间应力应变关系 $u^+ = y^+$ 被用于确定壁面切应力。

利用代数多重网格法（AGM）和点隐式高斯 – 赛德尔求解器求解了由控制积分方程离散化和线性化产生的方程组[22]。由于问题的大小和不稳定性特点，达到准稳态的整体平均计算时间大约在 2.5h。这个时间是在配置 2.83GHz Inter Core2Quad 处理器的计算机上达到的。

4.4.3.2　计算域和边界条件

将包括风力机叶片的内部域作为移动网孔来考虑，而外部域是静止的。对于特定的 λ 上的内部滑动域以给定的转速旋转。计算域的入口被定义为一个具有均匀速度分量的速度入口。这个速度入口还具有一个改进的湍流黏度 v 等于 $5v'$，其中 v' 是空气分子运动学黏度。计算域出口被标记为压力出口，它的压力测量值被设置为零。

4.4.4　后处理

一旦解通过 FLUENT 计算得出，并将所有相关数据写入文件，则可以确定平均转矩。通过输出文件解析且只保存转矩平均值的小脚本，每 15 次步骤进行一次记录。然后这个文件包含了作为时间函数的转矩。转矩和时间的关系图可在图 4-6 中看到。在某一点上，气流趋于准稳态，振荡更加均匀。在图中大致描述了风力机的一次旋转。曲线上的三个波峰分别代表了每个叶片在旋转中绕过风力机前方时的转矩，而每个波谷则分别代表每个叶片移动至风力机后方时的转矩⊖。因此，在相同的转速下，更多的叶片会导致更高频率的振动。对于优化器，为了计算转矩的单个标量值，应求出振动转矩的平均值。

⊖　此处是垂直轴风力机，叶片在风力机的前方指的是叶片迎风的位置，转动到风力机后方则指叶片处于背风位置。——译者注

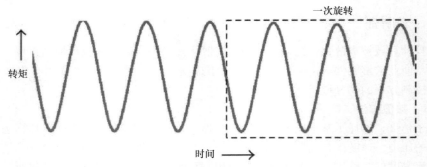

图 4-6 转矩作为时间函数的变化

4.4.4.1 平均转矩

在 4.2 节中，驱动风力机的切向力分量是方位角位置的函数。这个分量也可用于计算转矩。

在仿真的过程中，转矩作为时间的函数被记录；因此，非常有必要介绍一下函数 $f(t)$ 在区间 $[a, b]$ 上的平均值的定义，它可被表示为

$$f_{avg} = \frac{1}{b-a}\int_a^b f(t)\,\mathrm{d}t \tag{4-11}$$

式中，a 用于表示一次旋转过程中时间的起点，而 b 是一次旋转过程中时间的终点。这个公式说明了函数 $f(t)$ 的平均值等于这个函数的积分除以完成一次旋转所需的时间。应用梯形法则，定积分可通过下式来表示

$$\int_a^b f(t)\,\mathrm{d}t = \frac{b-a}{2n}\Big[f(t_0) + 2\sum_{i=1}^{n-1} f(t_i) + f(t_n)\Big] \tag{4-12}$$

式中，n 是用于分割积分区间的段数。利用式（4-11）和式（4-12），并用 $(t_n - t_0)/\Delta t$ 代替 n，则风力机一次旋转过程的转矩平均值，可由下式来定义

$$\tau_{avg} = \frac{\Delta t}{2(t_n - t_0)}\Big[\tau(t_0) + 2\sum_{i=1}^{n-1}\tau(t_1) + \tau(t_n)\Big] \tag{4-13}$$

式中，t_0 是一次旋转的起始时间点，t_n 是这个旋转过程的终止时间点，当使用 FLUENT 记录转矩时，Δt 是时间分段间隔。利用式（4-13），计算了风力机最终旋转的平均转矩，并将其作为目标函数来驱动优化算法。

4.4.5 优化

若风力机给定了 NACA 4 系列设计参数（见 4.1 节），并且给定了风轮实度和叶尖速度比设计约束，为了能将这种条件下的风力机最大化其平均转矩，就需要一种简单且稳定的优化算法。当改变参数或函数的值并包含任何约束时，寻找函数最小或最大值的行为被称为优化。在优化中，函数通常被称为目标函数或代价函数，而最优化算法的目标是尽可能高效地找到目标函数的真正最大或最小值。然而，在设计中，目标函数可能是一个相当复杂的、非线性的或不可微的函数，它会受许多参数和设计约束的影响。这些可能的限制，排除了任何简单的基于梯度优化的算法，例如最陡下降法或牛顿法。因

为这些算法要求目标函数是可微的，并且仅在找到局部最小值或最大值时才有效。因此，全局优化算法对于设计优化是有利的。

4.4.5.1　微分进化算法

微分进化（DE）算法是一种全局的随机直接搜索方法，其目标是最小化和最大化一个基于约束的目标函数。这些约束是用浮点值表示的，而不是像大多数进化算法那样用二进制字符串来表示[23-25]。微分进化算法稳定、快速、简单且易于使用，这是由于它只需要使用者极少的输入。正是这些特点决定了选择微分进化算法作为在当前研究中所使用的算法。

4.4.5.2　初始化

为了确定目标函数的最大值，微分进化算法从一个随机生成的 NP D 维参数向量开始，其中 NP 是一个种群中的双亲数，D 是参数的个数。为此项工作进行了两种优化。一种是 3 参数优化（$D=3$）。这种优化是针对固定叶尖速度比和固定风轮实度的。另一种优化是 4 参数优化（$D=4$）。在这里风轮实度变为一个参数，它提供了完全的几何灵活性。对于这两种情况，都有 $NP=14$。

4.4.5.3　变异

在初始化种群后，这一代中的每个目标向量 $X_{i,G}$ 经历一个变异，可由下式表示：

$$\vec{v}_{i,G+1} = \vec{x}_{r1,G} + F(\vec{x}_{r2,G} - \vec{x}_{r3,G}) \tag{4-14}$$

式中，下标 r 代表当前代中的一个随机种群成员，F 是决定差分向量放大的比例因数且 $F \in [0,2]$，而结果被称为变异向量。在这项工作中选择比例因数 $F=0.8$。这种变异运算是一种差异进化运算变化的特性，它利用了单一差分运算；因此，像 $NP \geq 4$ 这样的情况，下标 i 是不同于 r1、r2、r3 的随机选择值的。

微分进化算法的其他变化形式利用了更多的差分运算来决定变异向量。在这个工作（路径 DE/best/2/exp）中使用了微分进化算法策略，它利用了两个不同的向量。这种思想是通过使用两个差分向量，可提高大量种群的多样性，增加种群成员跨越整个解空间的可能性，从而降低过早收敛的风险。该工作中微分进化算法变形的变异运算由下式给出：

$$\vec{v}_{i,G+1} = \vec{x}_{best,G} + F(\vec{x}_{r1,G} + \vec{x}_{r2,G} - \vec{x}_{r3,G} - \vec{x}_{r4,G}) \tag{4-15}$$

式中，$x_{best,G}$ 代表当前种群表现最佳的参数向量。这和之前使用随机种群成员执行变异运算的策略不同。我们希望的是通过使用种群中最好的参数向量，使收敛所需的后代数量减少。

4.4.5.4　交叉

交叉运算通过选择目标向量和变异向量来产生一个试探向量。这个试探向量可由下式决定：

$$\vec{u}_{ji,G+1} = \begin{cases} \vec{v}_{ji,G+1} & \text{如果}(\text{randb}(j) \leqslant \text{CR}) \text{ 或 } j = \text{rnbr}(i) \\ \vec{x}_{ji,G} & \text{如果}(\text{randb}(j) > \text{CR}) \text{ 且 } j \neq \text{rnbr}(i) \end{cases} \tag{4-16}$$

式中，CR 是交叉常数，或交叉概率且 CR ∈ [0,1]，randb（j）是随机选择数，且
randb(j) ∈ [0,1]，它在第 j 个估值期间进行评估，这里 j = 1, 2, 3, …, D。如果
randb(j)的值恰好小于或等于 CR，那么试探向量会从变异向量中得到一个参数。然而，
若产生的随机数恰好大于 CR，则试探向量从目标向量中获得一个参数。为确保至少从
变异向量中选出一个参数值，随机值选为 rnbr(i)，且 rnbr(i) ∈ 1,2,3,…,D。如果
CR = 1，所有的试探向量参数将来自于变异向量。这说明 CR 中的选择可控制交叉概率。
在这个工作中 CR = 0.6。

4.4.5.5 选择

微分进化算法策略中的最后一步是选择。一旦试探向量被建立，就必须决定它是否
应该转移到下一代。因此，在选择的过程中，如果试探向量的表现优于目标向量，就会
产生更大的目标函数值，试探向量会转移到下一代。然而，如果新生成的试探向量的表
现劣于原目标向量，那么目标向量在下一代中仍然是一个种群成员。

在这个工作中，微分进化算法的代码为第一个实例生成了新的翼型参数，并通过变
异、杂交和选择运算为每一代的第二个实例生成新的翼型参数和风轮实度。每一组新的
参数都被用来产生垂直轴风力机的翼型，对于它们的转矩可使用 FLUENT 求解程序来计
算。之后由后部工艺模块对转矩进行平均化，并将其作为目标函数值来驱动微分进化
算法。

4.5 结果

该工作的总体目标是成功地论证一个概念化的优化系统证明，从而能最大限度地提
高三叶片垂直轴风力机的效率。通过两个测试实例来证明了优化系统的鲁棒性。第一个
测试实例是一个 3 参数优化，其中风轮实度和叶尖速度比是固定的。第二个测试实例是
一个 4 参数优化，其叶尖速度比是固定的。在得出优化的最终结果前，将对网格依赖性
研究进行概述。接下来，将介绍基线几何形状性能。最后，对两个优化测试实例的结果
进行介绍，并与基线几何形状的性能进行了比较。

4.5.1 网格依赖性研究

对于此工作，创建一系列的结构化和等效的混合网格，希望能以此找到一个网格，
它足以应对不稳定现象，而对于优化过程网格的构建将保持高度的自动化。

首先，将一个简单的叶片形状用于网格研究。垂直轴风力机是由三个半圆形叶片组
成。在给定风轮实度为 σ = 1.5 时，其叶片具有恒定的厚度，这个厚度为 0.025m。每
一个叶片在离旋转轴 1m 处相隔 60°，提供了一个简单的几何形状来定义初始拓扑。由
于叶片必须在仿真过程中旋转，因此在内部构建一个半径为 25m 的滑动域。外固定域，
以及远场的范围被定义为 50m。远场域足够的大，使得不稳定气流特性会在这个域的内
部形成和消散，这就消除了对反向气流的关注。

4.5.1.1　结构化网格和混合网格

为网格的依赖性研究，分别建立了结构化网格和混合网格。结构化网格利用四边形单元格来构建；因此，相对的网格线必须包含相同数量的点来构造由纯四边形单元格组成的域。结构化网格拓扑结构的一个特点，甚至可以说是一个缺点，就是利用局部的叶片分辨率来解析边界层，并将其传播到远场。当使用结构化网格时，这往往会导致更大的单元格数量。

用于这项研究的混合网格拓扑结构是由过渡到非结构化三角形的结构化边界层组成。与结构化网格不同，混合网格拓扑结构易于构造和自动化。在 Pointwise 软件中使用正规双曲挤压技术构建边界层[26]。用户只需指定挤出的初始单元格的高度、生长速度和层的数量。使用混合拓扑的一个好处是，在远场保持低单元格数量的前提下可获得适当的边界层分辨率。不像结构化网格，这种网格远场和边界层完全解耦，导致了低得多的单元格数。

在图 4-7 中可以看到结构化网格和混合网格一系列的比较。在构建混合网格期间，使用正规双曲挤压技术保持了局部叶片的分辨率。正如前面所提到的，可以看到设置在叶片附近结构化网格上的分辨率和间距约束从叶片自身扩散出去。而对于混合网格的情况，有一个清晰的界线将边界层网格和远场其余部分分开。例如，当粗糙的网格包含50000 个单元格用于局部叶片分辨率时，一旦调整间距以获得更高分辨率，结构化网格就包含了 100000 个单元格，而不同于混合网格只包含 55000 个单元格。在这种情况下，对于结构化网格所形成的局部叶片分辨率将扩散到远场。然而，当局部叶片分辨率变为相应于混合网格时，远场将保持不受影响。

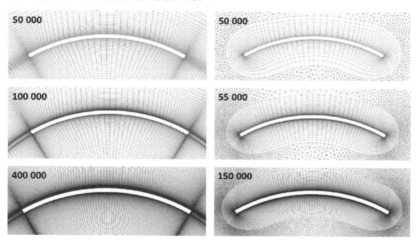

图 4-7　结构化网格和混合网格一系列的比较

4.5.1.2　网格独立解

每个网格的转矩通过 FLUENT 求解程序来计算，其设置在 4.4 节中讨论过。时间间隔为 $\Delta t = 2\pi/\omega N$，这里 ω 是旋转速度，N 是在圆周方向上的单元格数。对具有 $\omega =$

10rad/s 的 100000 个单元格的结构化网孔进行计算约为 0.001s，这个时间间隔被用于所有的仿真中。这表示对于滑动域在圆周方向上移动一个网格点的时间总量，并且发现这足以用于仿真。

通过观察剩余误差和转矩来监测收敛。在理想的情况下，剩余误差应该收敛到真正的零。然而，鉴于连续性、动量和改善的湍流黏度，一个更为宽松的收敛标准 $1e-5$ 被实施。每个时间间隔会对剩余误差进行监测，而每 15 个时间间隔会对转矩进行一次记录。在 5 次旋转后，大约 3150 个时间间隔，解一致变为准稳定。对于仿真的时间间隔，允许每个时间间隔内解在 30 次迭代后收敛，从而产生近 100000 次迭代，以达到准稳定状态。

平均转矩是对风力机最后一次旋转每个网格的计算。从该网格依赖性研究中，我们发现 100000 个单元格的结构化网格和 55000 个单元格的混合网格似乎显示出了网格的收敛性。然而，由于构建结构化网格所需拓扑结构的复杂性以及将其应用于不同几何形状的难度，我们选择了 55000 个单元格的混合网格拓扑结构进行优化。

对于具有任意几何形状的叶片的混合网格，为证明它的自动化和质量，我们构建了一种针对垂直轴风力机具有高风轮实度几何结构和低风轮实度几何结构的网格，如图 4-8 所示。正规双曲挤压创造了一些四边形的层。它们从叶片平滑地过渡到各向同性三角形。正是利用了这种技术，使得可以产生高质量和自动化的混合网格。而这种网格在整个优化过程中可用于所有翼型几何形状的分析。

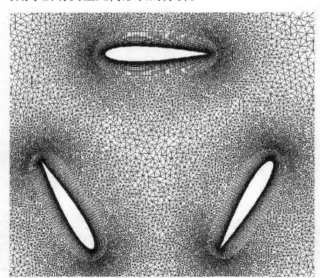

图 4-8　对于垂直轴风力机的混合网格，$\sigma = 1.5$（a）和 $\sigma = 0.4$（b）

4.5.2　基线几何形状

我们选择了一种基于基线的垂直轴风力机几何形状，这样就可以比较其优化结果。

其想法是选择典型的垂直轴风力机翼型横截面。因此，选择了 NACA 0015 型翼型作为基线翼型。这是因为许多研究人员认为其几何形状具有良好的整体气动性能[3-5]。可以在图 4-9 中看到 NACA 0015 型翼型的横截面。

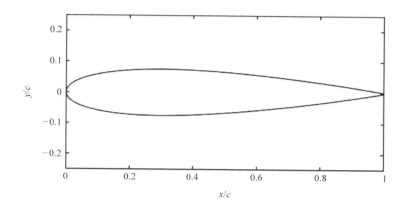

图 4-9 NACA 0015 基线几何形状

4.5.2.1 基线性能

我们对三叶片垂直轴风力机的基线性能进行计算，这种风力机使用 NACA 0015 型翼型横截面，且 $\sigma = 1.5$，$\lambda = [0.5, 1.5]$。对于 $\sigma = 1.5$ 的情况，保持 ω 为恒定值 10rad/s，调整 V_∞ 以控制 λ。这提供了围绕 $\lambda = 1$ 的相关性能数据，优化的叶尖速度比设计约束。为构建基线几何形状的性能包络，总共进行了 5 次仿真。对每个仿真计算了平均转矩，并将其结果用于确定性能系数。分析结果可以在图 4-10 中看到。

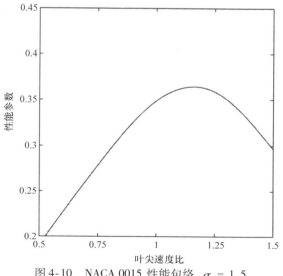

图 4-10 NACA 0015 性能包络，$\sigma = 1.5$

　　针对 $\sigma = 1.5$，使用了 NACA 0015 翼型的垂直轴风力机的性能，图 4-10 画出了它的性能包络线。可以看到这里存在一个点，在这个点上效率最高（$\lambda \approx 1.2$），而且对于这种几何形状，此点代表了最优叶尖速度比。正如预期的那样，随着风速的变化，导致叶尖速度比远离最优值，效率也随之下降。从图 4-10 可以推断，为使基线风力机设计在 $\lambda = 1$ 的情况下性能最佳，则在保持 NACA 0015 翼型横截面的前提下风轮的实度就必须改变。这将给予风力机更多的几何性，并且这会使风轮实度变为 4 参数优化测试实例中的一个设计参数。然而，为了将 NACA 0015 的结果和优化测试实例进行比较，并演示垂直轴风力机的设计如何从优化中获益，则保持了基线几何形状的风轮实度，未对其进行调整。

4. 5. 3　实例 1：3 参数优化

　　第一个在优化系统中运行的测试实例是 3 参数的情况。其想法是在固定风轮实度和叶尖速度比的情况下，最大化垂直轴风力机的转矩。这个实例在 4.4 节所描述的计算机集群上运行了大约 1 周，在此之后达到了用户指定的最大代数（$G = 11$）。因为无法保证通过优化算法找到最优设计，所以我们的目标是获得一个改进设计，它能达到比基线几何更高的效率。

　　为了证明优化系统的性能，并显示一周的时间足以完成优化几何形状，由微分进化算法代码随机地生成两个独立的初始种群，并让它们运行于优化系统。两个独立运行的结果将被呈现，并把它们和基线几何做比较。如果在设计的叶尖速度比（$\lambda = 1$）下，利用了优化的翼型横截面的垂直轴风力机比基线几何形状的垂直轴风力机达到更高的效率，那么就认为优化是成功的。

4. 5. 3. 1　优化结果

　　由于微分进化算法的性质，初始种群是随机的，并且对于两次运行完全不同。在开始使用两种不同的初始种群是为了确保 11 代有充足的时间找到一种优化设计，同时避免过早的收敛或停滞。

　　可以在图 4-11 中看到对于所有代种群的多样性。图 4-11 说明了性能参数是如何随着代而变化的。NACAopt - RUN1 和 NACAopt - RUN2 指的是对于第一个测试实例的两次独立运行。可以看到，每次运行前 5 代的种群差异非常大。然而，在第 5 代之后种群开始收敛，但依然保持着一些差异。这是微分进化算法随机性的一个特点。

　　图 4-11 说明了对于每一代种群的多样性，而图 4-12 提供了通过优化后所有目标函数中最佳值的历史记录。如果当前代的性能参数恰好比之前的最大值高，那么就替换它。并且新的翼型设计参数被用于产生下一个种群。尽管 NACAopt - RUN1 和 NACAopt - RUN2 这两次运行开始于不同的初始种群，在 11 代后，这两次运行可以分别达到最大的性能参数 0. 373 和 0. 374。

　　对于这两次运行，优化后的几何形状都可以在图 4-13 中看到，并且与 NACA 0015 翼型横截面做了比较。对于 NACAopt - RUN1 翼型的最大弯度为 0. 0094c，最大弯度位置为 0. 599c，最大厚度为 0. 177c，这里 c 是翼型的弧长。选择具有对称横截面的弯曲翼

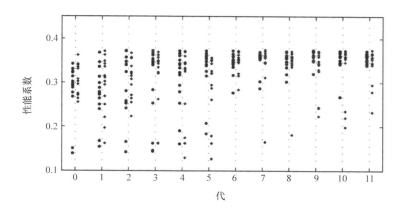

图 4-11 在第一个实例中，对于所有种群数，性能系数和代的关系

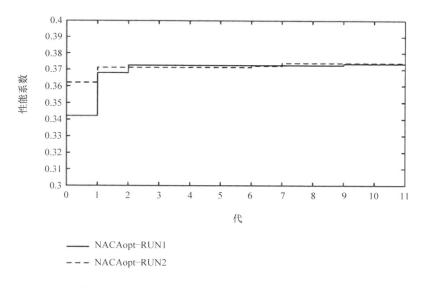

图 4-12 在第一个实例中，最大性能系数和代的关系

型可能是一个迹象，它表明轻微的弯曲可增加高实度风轮的效率，而这是不受欢迎的叶片涡流相互作用的结果。对于这两次运行最大的性能参数和优化翼横截面不可区分的事实表明 11 代是足够的。因此，没有必要讨论两种垂直轴风力机的性能，而只提供 NAC-Aopt – RUN1 的性能。

对于利用 NACAopt 翼型截面垂直轴风力机的性能包络，可在图 4-14 中看到。因为

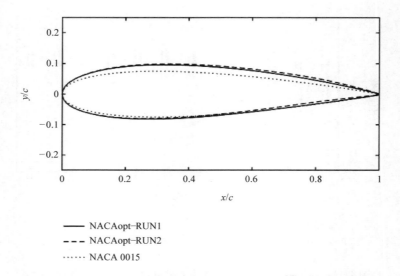

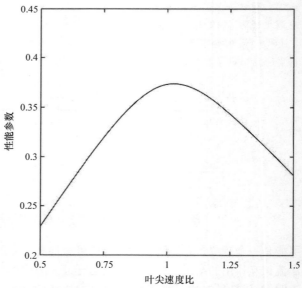

图 4-13　在第一个测试实例中，最优 NACA 4 系列翼型几何形状

优化是在 $\lambda = 1$ 的条件下进行的，叶片形状被设计成尽可能适应于此数值下运行。所以，最优叶尖速度比会非常接近 1，这预示着风轮的实度必须被调整，以达到在 $\lambda = 1$ 时的最大效率。

4.5.3.2　基线比较

优化算法能够找到一种在 $\sigma = 1.5$ 和 $\lambda = 1$ 条件下 NACA 4 系列的最优几何形状。虽然优化算法能找到这样的形状，且只需用户极少的输入，以及很少依赖或不依赖设计师的直觉或经验，但它必须和基线几何形状做比较，以便能够对利用这样的方法所获取的性能进行量化。NACAopt 和 NACA 0015 垂直轴风力机设计的性能包络如图 4-15 所示。对于设叶尖速度比 $\lambda = 1$，NACAopt 设计的性能参数为 0.373（COP = 0.373）。它比 NACA 0015 基线几何形状高出 2.4%。这在垂直轴风力机的使用寿命内被认为是显著的改善。

图 4-14　在第一个测试实例中，NACAopt 的性能包络

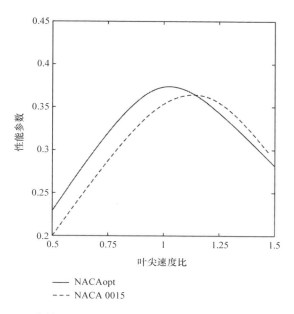

图 4-15　在第一个测试实例中，NACAopt 和 NACA 0015 的性能

　　为了了解在基线几何上提高效率的机制，我们观察了单次旋转的转矩，如图 4-16 所示。虽然两种几何形状转矩的振荡频率是相同的，但 NACA 0015 的波峰到波峰间振幅要高于 NACAopt。NACAopt 几何结构更大的厚度允许其横截面在失速前达到比 NACA 0015 翼型略高的攻角。因此，由于与 NACA 0015 翼型动态失速相关联的阻力的增加，可以让我们观察到更高的循环负载。NACAopt 翼型不仅仅获得了更高的效率，还因此减少了循环负载，这可能导致它具有比 NACA 0015 翼型几何结构更长的使用寿命。

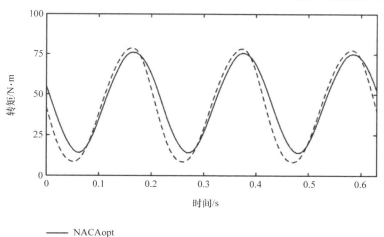

图 4-16　在第一个测试实例中，$\lambda = 15$ 条件下 NACAopt 和 NACA 0015 的转矩

当观察图 4-17 中所示的旋涡时，我们捕获到了有趣的流场现象。图像清晰地显示，实际上一个叶片的尾流会与叶片尾部相互作用，这是高实度叶片的典型特征。这种相互

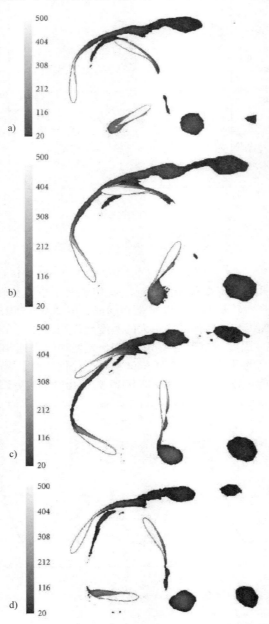

图 4-17　在第一个测试实例中，NACAopt（a）和 NACA 0015（b）的涡流轮廓

的作用干扰了气流，改变了叶片尾部周围的速度场。而且弧形翼型选择这种高实度几何结构也很可能是因为这种相互作用。在图 4-17b 中，可以看到一个从前缘分离出的气泡，它形成于 NACA 0015 几何结构的左下叶片上。在图 4-17c、d 中，由于叶片连续地逆时针旋转，分离气泡变得更大并最终分离，这造成了尾部涡流并使其加强。NACAopt 几何结构翼型的效率提高可归因于这种翼型横截面在较大攻角时的有利特性。这种特性使叶片前缘分离气泡得以消除，并减少了循环负载。

4.5.4　实例 2：4 参数优化

运行于优化系统的第二个实例是 4 参数的情况。对于这个实例，其想法是在固定叶尖速度比并把风轮实度作为一个设计变量的情况下，最大化垂直轴风力机的转矩。将风轮实度变为一个参数，会很大地提高风力机几何结构设计的灵活性。这使得我们不仅能改变叶片的形状，还能改变风力机的尺寸。这个实例在 4.4 节所描述的计算机集群上大约运行了 10 天，之后达到了用户指定的代的最大值（$G = 20$）。这个实例的目标是为了证明，在增加了几何结构的灵活性后，所设计的垂直轴风力机可优于基线 NACA 0015 几何结构的风力机，所提供的解也要好于依靠设计者的直觉。与第一个实例相同，优化是在 $\lambda = 1$ 的条件下运行的。

4.5.4.1　优化结果

每一代的目标函数值和性能参数可在图 4-18 中看到。和第一个实例一样，图 4-18 说明了对于每一代，性能参数是如何变化的。对于前面的 8 代，微分进化算法的随机性是很明显的。然而，在后面的 8 代，种群开始收敛并且其多样性消失。

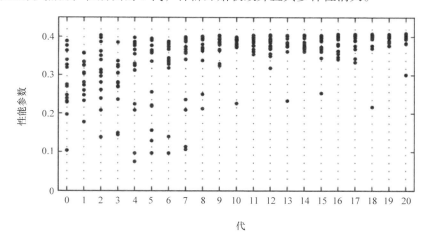

图 4-18　在第二个实例中，对于所有种群数的性能参数和代的关系

在图 4-19 中，显示了通过优化，最大性能参数的历史记录。仅在第 2 代之后，最大历史参数就和第 9 代无异，这意味着它有可能过早地收敛。然而，回过头看图 4-18，其种群并没有失去它们的多样性，一个标志是算法不能导致过早地收敛。在第 9 代后，

最大性能参数开始每隔一两代后就发生改变，最终在第 20 代后性能参数达到 0.409。

优化的翼型横截面可在图 4-20 中看到。NACAopt 翼型是对称的，其厚度为 0.237c，风轮实度为 0.883。它的叶片要比 NACA 0015 型的厚 58%，其风轮实度则减少了 40%。这种在对称翼型上的选择有着重要的意义。因为低实度的风轮不能经受强大叶片涡流的作用，所以叶片所具有正负攻角的幅度是相同的；因此，对称翼型是一种典型的应用。与 3 参数优化设计相比较，这种几何结构上引人注目的改变表明，当给定条件后，优化趋向于寻找出对称的翼型横截面。在前面的实例中，选择了具有较小弯度的几何结构；这很可能是因为与 3 参数优化有关的设计空间较小而产生的结果。

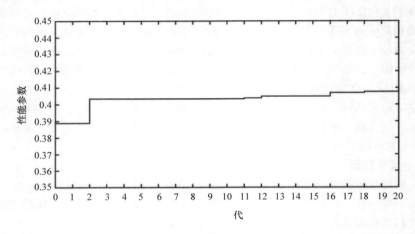

图 4-19　在第二个实例中，最大性能参数和代的关系

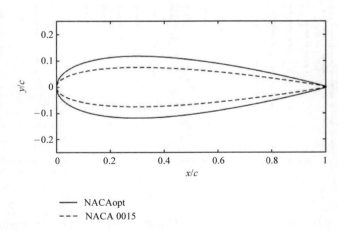

图 4-20　在第二个实例中，最优 NACA 4 系列翼型几何结构（$\sigma = 0.883$）

NACAopt 几何结构的性能包络，可以在图 4-21 中看到。允许风轮实度变为一个设计参数后，基线几何结构和 3 参数优化的性能峰值都得到了改善。然而，与我们最初所

相信的相反的是，最优叶尖速度比不等于设计叶尖速度比。虽然 4 参数优化允许对几何结构进行完全地调整以达到最佳性能，但仅对设计叶尖速度比，这种单一的叶尖速度比达成了这个目标。因此，我们无法确保优化叶尖速度比与设计叶尖速度比相一致。确保这两种叶尖速度比一致，被认为是未来将要研究的课题。

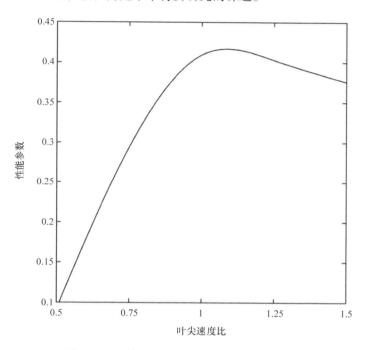

图 4-21 在第二个实例中，NACAopt 性能包络

4.5.4.2 对比

优化算法能够找到一个最优 NACA 4 系列翼型横截面（此横截面有 $\sigma = 0.883$ 和 $\lambda = 1$，在 20 代内）。将其性能与基线 NACA 0015 型几何结构的性能进行比较，如图 4-22 所示。NACAopt 设计可以实现在 $\lambda = 1$ 时性能参数为 0.409（COP = 0.409）。最终结果，其效率可比 NACA 0015 几何结构高 6%。甚至在和 3 参数优化做比较时其效率可高出 3.6%。这个例子成功地证明了在允许风轮实度变为一个参数后，设计会因此得到完全的几何灵活性，最终使效率显著提高。

我们试图找到是什么原因使 NACAopt 几何结构具有更高的效率。为此目的，我们将最优设计的单次旋转的转矩和基线几何结构的转矩做了比较，如图 4-23 所示。因两种设计都是在 $\lambda = 1$ 的条件下运行，所以它们的振荡频率是相同的。虽然如此，但在转矩振荡中存在着明显的相变，这导致 NACAopt 设计风轮最大性能比 NACA 0015 的风轮稍早到达。与具有 15% 厚度的 NACA 0015 几何结构做比较，NACAopt 设计风轮实度减少了 40%，同时厚度增加了 58%，这使得这种横截面结构可达到更高的整体峰值性能。

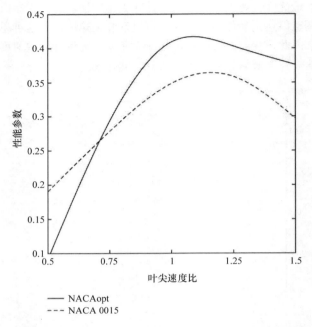

图 4-22 在第二个测试实例中，NACAopt 和 NACA 0015 性能的关系

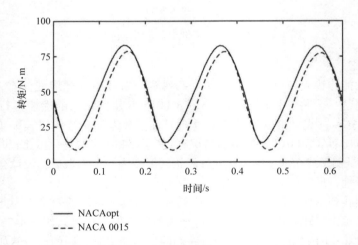

图 4-23 在第二个测试实例中，NACAopt 和 NACA 0015 在 $\lambda = 1$ 条件下的转矩

4.6　总　结

　　这个工作成功地展示了一个垂直轴风力机翼型横截面优化的全自动化过程。涉及 NACA 翼型的代，混合网格和非稳定计算流体动力学（CFD）的微分进化算法，受到叶尖速度比、风轮实度、叶型设计的约束。优化系统随后在第二个实例中被用于获得最优叶片横截面，最后得到的设计，其效率要高于基线几何结构的效率。第一个测试实例的最优设计的效率比基线几何结构的效率高 2.4%。叶片前缘分离气泡的消除使得优化几何结构的效率得以提高。这个气泡会引起效率的下降和循环负载的增加。对于第二个测试实例，由于在优化过程中叶片的形状和风轮的实度都可以改变，所以垂直轴风力机的设计具有完全的几何灵活性。这导致了其几何结构的效率比 NACA 0015 基线几何结构的效率高出了 6%。这种效率的增加是由于风轮实度减少了 40%，而厚度增加了 58%，从而导致了转矩的轻微相变和更高的整体峰值性能。虽然这项研究意义重大，但它代表了一种利用优化的叶片横截面来开发垂直轴风力机的初步步骤，并且它需要进一步的研究和开发。

参 考 文 献

1. M. Islam, D. S. K. Ting, and A. Fartaj, "Aerodynamic models for Darrieus-type straight-bladed vertical axis wind turbines," Renewable and Sustainable Energy Reviews, vol. 12, no. 4, pp. 1087–1109, 2008.
2. I. Paraschivoiu, F. Saeed, and V. Desobry, "Prediction capabilities in vertical-axis wind turbine aerodynamics," in Proceedings of the World Wind Energy Conference and Exhibition, Berlin, Germany, 2002.
3. C. J. Ferreira, H. Bijl, G. van Bussel, and G. van Kuik, "Simulating Dynamic Stall in a 2D VAWT: modeling strategy, verification and validation with Particle Image Velocimetry data," Journal of Physics, vol. 75, no. 1, Article ID 012023, 2007.
4. J. C. Vassberg, A. K. Gopinath, and A. Jameson, "Revisiting the vertical-axis wind-turbine design using advanced computational fluid dynamics," in Proceedings of the 43rd AIAA Aerospace Sciences Meeting and Exhibit, pp. 12783–12805, Reno, Nev, USA, January 2005.
5. J. Edwards, N. Durrani, R. Howell, 和 N. Qin, "Wind tunnel and numerical study of a small vertical axis wind turbine," in Proceedings of the 46th AIAA Aerospace Sciences Meeting and Exhibit, Reno, Nev, USA, January 2008.
6. M. Torresi, S. M. Camporeale, P. D. Strippoli, and G. Pascazio, "Accurate numerical simulation of a high solidity Wells turbine," Renewable Energy, vol. 33, no. 4, pp. 735–747, 2008.
7. T. J. Baker, "Mesh generation: art or science?" Progress in Aerospace Sciences, vol. 41, no. 1, pp. 29–63, 2005.
8. A. Ueno and B. Dennis, "Optimization of apping airfoil motion with computational uid dynamics," The International Review of Aerospace Engineering, vol. 2, no. 2, pp. 104–111, 2009.

9. R. Bourguet, G. Martinat, G. Harran, and M. Braza, "Aerodynamic multi-criteria shape optimization ofvawt blade profile by viscous approach," Wind Energy, pp. 215–219, 2007.

10. M. Jureczko, M. Pawlak, and A. Mȩzyk, "Optimisation of wind turbine blades," Journal of Materials Processing Technology, vol. 167, no. 2-3, pp. 463–471, 2005.

11. P. Fuglsang and H. A. Madsen, "Optimization method for wind turbine rotors," Journal of Wind Engineering and Industrial Aerodynamics, vol. 80, no. 1-2, pp. 191–206, 1999.

12. H. Rahai and H. Hefazi, "Vertical axis wind turbine with optimized blade profile," Tech. Rep. 7,393,177 B2, July 2008.

13. D. Dellinger, "Wind - average wind speed," 2008, http://www.ncdc.noaa.gov/oa/climate/online/ccd/avgwind.html.

14. N. S. Çetin, M. A. Yurdusev, R. Ata, and A. Özdemir, "Assessment of optimum tip speed ratio of wind turbines," Mathematical and Computational Applications, vol. 10, no. 1, pp. 147–154, 2005.

15. I. Abbott and A. von Doenhoff, Theory of Wing Sections Including a Summary of Airfoil Data, Dover, New York, NY, USA, 1959.

16. W. Anderson and D. Bonhaus, "Aerodynamic design on unstructured grids for turbulent ows," Tech. Rep. 112867, National Aeronautics and Space Administration Langley Research Center, Hampton, Va, USA, 1997.

17. J. Elliott and J. Peraire, "Practical three-dimensional aerodynamic design and optimization using unstructured meshes," AIAA Journal, vol. 35, no. 9, pp. 1479–1485, 1997.

18. M. Giles, "Aerodynamic design optimisation for complex geometries using unstructured grids," Tech. Rep. 97/08, Oxford University Computing Laboratory Numerical Analysis Group, Oxford, UK, 2000.

19. E. J. Nielsen and W. K. Anderson, "Aerodynamic design optimization on unstructured meshes using the Navier-Stokes equations," AIAA Journal, 1998, AIAA-98-4809.

20. Fluent, "Fluent 6.3 user's guide," Tech. Rep., Fluent Inc., Lebanon, NH, USA, 2006.

21. P. Spalart and S. Allmaras, "A one-equation turbulence model for aerodynamic ows," in Proceedings of the 30th AerospaceSciences Meeting and Exhibit, Reno, Nev, USA, 1992, 92-0439.

22. J. Ferziger and M. Peric, Computational Methods for Fluid Dynamics, Springer, New York, NY, USA, 3rd edition, 2002.

23. K. V. Price, "Differential evolution: a fast and simple numerical optimizer," in Proceedings of the Biennial Conference of the North American Fuzzy Information Processing Society (NAFIPS '96), pp. 524–527, June 1996.

24. R. Storn and K. Price, "Differential evolution—a simple and efficient adaptive scheme for global optimizationover continuous spcaes," Tech. Rep. TR-95-012, ICSI, March 1995.

25. R. Storn and K. Price, "Differential evolution—a simple and efficient heuristic for global optimization over continuous spaces," Journal of Global Optimization, vol. 11, no. 4, pp. 341–359, 1997.

26. J. Steinbrenner, N. Wyman, and J. Chawner, "Development and implementation of gridgen's hyperbolicpde and extrusion methods," in Proceedings of the 38th AIAA Aerospace Sciences Meeting and Exhibit, Reno, Nev, USA, 2000.

第2部分

发电机与齿轮系统

第5章

风力发电机中具有辅助绕组的感应电机的性能评估

Riadh W. Y. Habash，Qianjun Tang，Pierre Guillemette，Nazish Irfan

5.1 简介

　　风能已经显示出，它是最具可行性的可再生能源之一。它对广泛的人群展示出了诱人的契机，这个人群包括投资者、企业家和用户。风能和其他可再生能源（如生物能和水力能）都需要机电系统将自然界的可用能源转化为驱动原动机旋转的动力，然后通过发电机来发电。原动机和发电机是这类系统的关键组成部分。这类系统必须是经济上可负担的、可靠的、环境安全的和用户友好型的。

　　自励感应发电机（SEIG）（笼型或绕线转子）对于这种应用是一个重要的候选项。事实上它们还没有广泛地应用于这一领域，这反映出了知识间的巨大鸿沟。一个具有吸引力的选择是采用"现成的"感应电机，并对其进行适当的改造，以提高效率、抑制信号失真、抑制谐波、降低电阻损耗和防止电阻过热以及改善功率因数。

　　在1935年，Bassett和Potter[1]证明了在自励模式下使用感应电机的可能性。从那时起，对于可再生能源使用感应电机作为发电机变得越来越普遍[2-5]。感应电机在提供机电能量转化方面表现出了简单性和灵活性，这使得它成为在现有公用电网中运行风电系统时的首选。一般的感应发电机有许多优点，如简单、便宜、可靠、无刷（笼型转子）、无同步设备、无励磁式直流电源、过载能力强、内部防短路保护、易于控制、不会像直流电机那样产生火花，并且只需要很少的维护[6-8]。然而，感应电机并非完美，它的缺点包括需要一个很大的起动电流，运行时的无功功率，在变速情况下的不稳定电压调节。因此，其功率因数本质上较差，特别是起动时和运行于轻负载或在使用电力电子变换器时此缺点显得尤为突出。在起动时，感应电机的输入功率主要是无功功率。它在功率因数为0.2的情况下吸收6倍的额定电流，并且需要一段时间才能达到额定转速，功率因数会显著地提高到0.6以上，并会因负载不同而有所差异。在这种低功率因数下的较大起动电流通常会影响到负载并限制其应用范围；因此，应开发新的技术以加强其性能。

　　在文献中，已经提出了若干种提高感应电机功率因数和相应性能的技术。这些技术包括同步补偿、固定电容、具有感应开关的固定电容、固态功率因数控制器和开关电容[9-13]。最近也提出了一种三相电机。它在一个三角形结构中具有三相辅助绕组，这个辅助绕组和连接在星形结构中的主绕组进行磁耦合[9-11]。此方案采用晶闸管投切电容（TSC）和辅助绕组的每一相并联。提出了一种三相感应电机，它采用了星形配置的三相辅助绕组和脉宽调制（PWM）逆变器来为电机提供励磁[9-11,13]。然而，这种技术受一些缺点所制约。同步技术是复杂的，不具有成本效益。其他技术是直接将电容连接起来。这导致了电压再生和过电压的问题，并且在起动过程中会有非常高的电流涌入。此外，在定子绕组电路中并入受控开关的技术可在电机和线路中产生大的谐波电流。

在本章中，提出了一种具有辅助绕组的增强型笼型感应发电机（SCIG）模型，并对这种模型进行了分析和实验验证。在这里提出了一种简单且低成本的方案。在这个方案中可以在没有与终端连接的情况下实现共振。这可以通过使用 LC 谐振电路作为辅助绕组来实现。这个辅助绕组和定子主绕组之间只有磁耦合，从而为电机提供主要的无功功率。由于其特性的大幅提高，该发电机可以提高小型风能变换器（SWEC）的性能。

5.2　风力发电机

如果可用的无功功率作为激励提供给电机，那么电机将作为发电机运行。虽然人们对自励异步发电机技术的掌握已超过半个世纪，但它仍然是一个相当受重视的主题。人们对这个主题有兴趣，主要是由于自励感应电机在隔离电力系统中的应用。当通过外部原动机以大于同步速度（负转差）的速度驱动感应电机时，感应转矩的方向相反，理论上它开始作为感应发电机工作了[14]。当转子由原动机驱动，并在定子端上接入合适的电容时，感应电机就会发生自励，这使得感应电机可以作为独立的发电机来使用[15]。感应电机不会产生无功功率，但它会消耗无功功率。所以需要将电容和辅助绕组连接以进行自励。这个电容会产生发电机和负载所需的无功功率，并且任何转移到负载的无功功率都会导致发电机电压的大幅下降。尽管如此，由于它的电压调节和效率本来就很差，所以单相感应发电机在风力发电机中几乎没有应用。有一种针对电压调节缺陷的尝试。它是利用一种自调节和自励式单相感应发电机，它使用两个电容分别以并联和串联的方式与电机的主绕组和辅助绕组相连[16,17]。另一方面，将铜材料代替铝材料用于转子杆和短路环，这样会提高电机的能效[18,19]。

感应发电机可以工作于两种模式（如并网模式和离网模式）。在并网模式的情况下，感应发电机既可以从电网中抽取无功功率（同时也会对电网造成负担），也可通过发电机端子连接电容组来抽取无功功率[20]。

感应电机的主要特点表现在其功率曲线。发电机的轴功率是用损耗分离公式来计算的，如下所示：

$$P_{\text{shaft}} = P_{\text{output}} + P_{\text{ohmic}} + P_{\text{core}} + P_{\text{friction}} \tag{5-1}$$

输出功率（P_{output}）是通过使用功率分析仪测量得到的。分析仪可确定从发电机到可变电阻负载组的功率、电气频率和定子电流。在某一吹向风力机的特定风速下，负载组可用来改变发电机的负载，以确定最大功率点。然后通过结合与定子电阻中功率损耗相关联的电阻损耗（P_{ohmic}），与电机铁心中滞后和涡流损耗相关的磁心损耗（P_{core}）以及发电机中的摩擦和风阻损耗（P_{friction}）来确定轴功率的损耗（P_{shaft}）。

　　新电网规范的出现，将使风力机开发人员面临新的挑战。他们所面临的挑战主要是在电网中大量引入由风能转化而来的电能，风力机应该能在电压降低时持续地向电网供电。挪威正在提出这些新的电网规则[21]，其他国家将很有可能影响未来风力机的电力系统（发电机和网络接口）的拓扑结构。为了应对这些新的挑战，一些行业已经通过其自身能力来指导电机开发的研究。在技术的选择上，SCIG 在风力发电机方面具有很大的吸引力，这是因为其稳定、价格便宜、成本低和维护费用低。

　　由于 SCIG 从电网中抽取无功功率，所以这一概念被扩展到电容器组，用于无功补偿。通过并入软启动器也实现了更平滑的电网连接。由于发电机仅在同步转速附近的窄范围内可以稳定运行，所以配备这种发电机的风力机通常称为固定转速系统。使用 SCIG 的固定速度风力机的连接方案如图 5-1 所示。对提供无功功率的需求和功率因数差是感应发电机的两大缺点。感应发电机和属于电感性的负载通常需要提供无功功率。不平衡的无功功率会导致电压的变化。当不间断地补偿无功功率，并且可能在变化的输入输出情况下无法提供适当的无功功率时，例如自然界中大幅度波动的风能，此时通过使用 VAR 补偿器（SVC）[22]，或静态同步补偿器（STATCOM）[23]对无功功率进行控制，效果良好，但它们可能会在电网中增加谐波。另一方面，研究者已经提出了几种提高感应电机功率因数的技术，即电容控制器、开关电感电容控制器和固定功率因数控制器[10,11]。感应电机激励的起动可以看作是谐波电路的响应，它包括电机和连接到端子的电容。一旦接近谐振，产生的电压就会增长[24]。

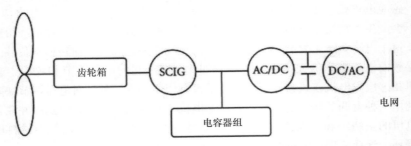

图 5-1　风力发电机电网连接方案

5.3　提出的技术

　　在本节中，提出了一种被动技术，用它来克服上述诸多缺点。这里提出的技术如图 5-2 所示，使用辅助绕组连接至星形配置（使用电容）。它只与主绕组进行磁耦合。因此，可以在不增加额外有效重量的情况下提高其性能。该方法在定子上使用组合（两个三相）绕组，它与三角形 - 星形联结的三相变压器（忽略转子效应）中使用的方案相类似。主定子绕组主要以三角形的方式连接到电源，辅助绕组是使用星形联结的次级绕组。这意味着，三次谐波分量将被三角形连接侧短路，其结果是在线路中不会有三次谐波电压。此外，上述两组绕组具有相同的磁极数，因此它们具有相同的工作频率。基于辅助绕组的三角形 - 星形变换和基于感应电机的变压器方法，在图 5-3 中展示了所提策略的每一相的电路模型。在所提方案中，采用了具有双定子绕组的三相感应电机。一组三相绕组（主）直接连接到电源，而另一组三相绕组（辅助）则连接到电容器。两个绕组（主绕组和辅助绕组）是磁耦合的，但它们是电隔离的。所提出方案的主要思想是将合适的电容器连接在辅助绕组中，这样主绕组将主要承载有功功率，而辅助绕组将主要承载无功功率。

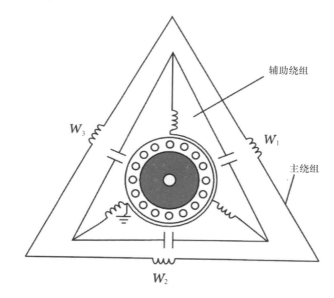

图 5-2　具有辅助绕组的三相电机

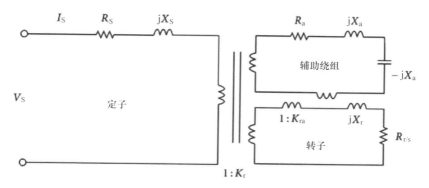

图 5-3　所提方案每相的电路模型

可将电机中元件间的耦合作为理想变压器。其中 N_a 为辅助绕组与定子的匝比（小于1）；N_r 为转子与定子的匝比（小于1）；N_{ra} 为转子与辅助绕组匝比（小于1）；由于两组绕组之间没有电气连接，以及对绕组使用的良好设计，使其电磁兼容性（EMC）得到了极大的改善。

随着辅助绕组具有足够的安培匝数，在包括额定负载在内的一系列负载条件下，在主绕组端子上获得近乎单位功率因数运行是有可能的。辅助绕组应优先考虑谐波抑制，并且应具有无功补偿功能，这为能量转换以及效率的最大化提供了手段。

改进的发电机（Trias 式）的绕组几何结构将电感效应和电容效应结合到电机中，从而产生了与电阻性负载相当的效果，如图 5-4 所示。为计算典型感应电机功率校正所需的电抗，我们需要估计负电抗功率，从而估计电机运行状态下的电容。因此，重要的是要确定对于功率因数最大和最小补偿的电容值，而且还要考虑在辅助绕组中流过的电流值，因为导线的大小在很大程度上取决于它。通常，辅助绕组中的电流是超过定子电流的，但与定子电流相比其振幅较小。这种情况是工作期间所必须的，因为辅助绕组导线的尺寸较小，以便能与主绕组置于相同的线槽中。

$$X_{ceq} = \frac{|V|^2}{Q_c}$$

$$C = -\frac{1}{\omega X_{ceq}}$$

(5-2)

式中，X_{ceq} 是无功阻抗，V 是通过负载的电压有效值，Q_c 是电容性无功功率，ω 是角频率。作为一种感应电机，可将由电力提供的所有能量（kW）都应用于实际的生产工作中。在这样做的过程中，电机在连接几乎所有各类负载时，都在以近乎单位功率因数来运行。此外，在电机作为发电机工作时，它也具有相同的特性。

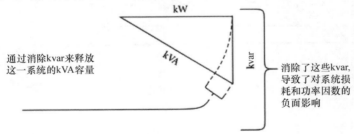

图 5-4　感应电机的功率三角形

对于 SEIG 在平衡条件下的稳定工作点，或许可以通过简单的平衡电机中有功功率流和无功功率流、激励电容和负载，并从标准的等效电路中对其进行确定。对这些工作点的求解方法已在参考文献［25］中给出。对于某一运行条件，用于维持额定发电电压值的电感量和电容量可因此被确定。当电机上的负载不平衡时，为确定其工作点就有必要使用广义的电机理论。

由于两个绕组（主绕组和辅助绕组）占用相同的线槽，因此它们的漏磁通相互耦合。可以通过一个等效电路来模拟它，这个等效电路具有两个支路，每个支路具有单独的漏电抗和电阻，并拥有共同的互感。电容器在辅助绕组中的作用用 X_{ceq} 来表示。对于

960hp[⊖]、460V、60Hz 的 6 极感应电机，图 5-5 中显示了对于不同的电机转差率，阻抗（Z）的虚部相对于 X_{ceq} 的变化，也表明了单位功率因数可以在不同的电机转差率上获得。可以观察到，对于特定的电机转差率，可在两个不同的 X_{ceq} 值处获得单位功率因数。X_{ceq} 的较大值（电容值较小）对应着电流的低值，而 X_{ceq} 的较小值（电容值较大）对应着电流的高值。我们可从图 5-5 得出下述结论：为了在较高负载时获得单位功率因数，所需的 X_{ceq} 值应比在低负载时所需的 X_{ceq} 值更小。

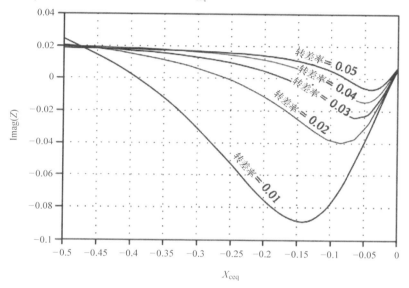

图 5-5　对于不同的转差率，总阻抗 Z 的虚部是 X_{ceq} 的函数

5.4　实验结果

　　电机测试有若干标准。对于感应电机，有三个标准是最重要的。IEEE 112 标准，目前在美国和世界的一些地区使用；JEC 37 标准，使用于日本；IEC 34 – 2 标准，在大多数欧洲国家使用。在加拿大，《能源效率条例》所规定的标准是《三相感应电机能量性能测定方法：CSA C390 – 98》。这个标准相当于公认标准 IEEE 112 – 1996《方法 B：多相感应电动机和发电机测试程序》。

　　一个典型的实验是将标准的 SCIG 和所提方案（标准的 SCIG 加上无源辅助绕组：Trias）做比较，如图 5-6 所示。一台直流电动机作为驱动器与两台感应电机的轴相连接。通过将负载从满载的 10% 变化到 125%，分别得到不同的输入功率、功率因数、无功功率和视在功率。在实验测试过程中记录的实验结果在表 5-1、图 5-7 和图 5-8 中给出。结果表明，带有辅助绕组的感应电机（Trias）在信号畸变方面以及谐波、电阻损耗、过热、起动和功率因数方面

　⊖　1hp = 745.7W。——译者注

都具较好的运行性能。在满载时，Trias SCIG 的功率因数接近 0.99。此外，电机的损耗减少约 27%，并且减少了浪涌电流，使其避免了过热问题。

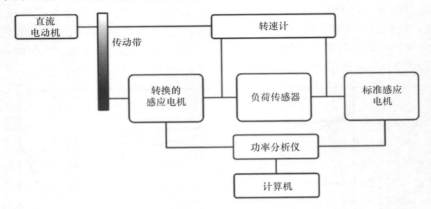

图 5-6 用于感应电机的典型测量装置

表 5-1 标准感应电机和 Trias 感应电机的实验测试结果

项目	标准	Trias
电压/V	117	117
电流/A	2.69	0.426
功率/W	43.2	43.7
功率因数	− 0.13	− 0.87
无功功率/var	− 311	− 24.1

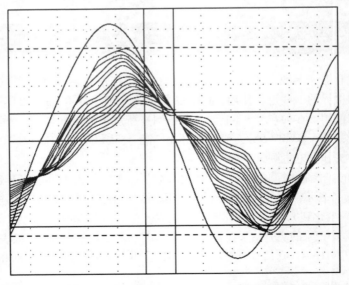

图 5-7 从感应电机获得的信号：标准的和带有辅助绕组的

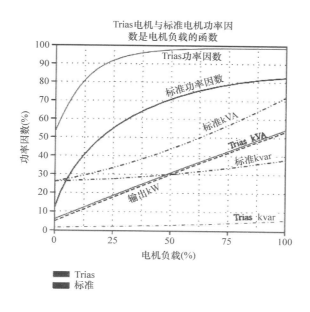

图 5-8　感应电机的功率因数：标准的和带辅助绕组的（Trias）

5.5　探讨与总结

可以增强现有的三相感应电机的性能，并将其作为发电机用于小型风能变换装置中，以产生用于馈送并网或离网负载的电力。

为方便这种电机的设计，提出了仿真和实验程序来预测具有定子绕组的三相感应发电机在不同负载情况下在各种功率因数上的性能。一种以星形联结，并与感应电机的主绕组磁耦合的无源辅助绕组（LC 激励电路），已经被成功地设计出并得以实现。这种 LC 激励感应电机使用电容或电感来匹配或"调谐"电机的电感元件中自然发生的阻抗。从而允许电机在其内部维持内部磁能，这几乎与电源无关。此外，这种电机将负载电流降低到30%。由于这种应用不需要改进后的电机中提供磁化电流，因此可使全负荷电流减小。通过将峰值所需电流降低至25%，使净浪涌电流减小。这形成了一个软启动，延长了电机的寿命以及小型风能变换装置的使用寿命。

这里所提出的技术涉及数学建模和仿真以计算电容和电感的值。在实验室获得的实验结果，验证了该技术的有效性。

参 考 文 献

1. E. D. Bassett and F. M. Potter, "Capacitive excitation for induction generators," Electrical Engineering, vol. 35, pp. 540–545, 1935.

2. P. K. Shadhu Khan and J. K. Chatterjee, "Three-phase induction generators: a discussion on performance," Electric Machines and Power Systems, vol. 27, no. 8, pp. 813–832, 1999.

3. R. C. Bansal, D. P. Kothari, and T. S. Bhatti, "Induction generator for isolated hybrid power system applications: a review," in Proceedings of the 24th National Renewable Energy Convention, pp. 462–467, Bombay, India, December 2000.

4. C. Grantham, F. Rahman, and D. Seyoum, "A regulated self-excited induction generator for use in a remote area power supply," International Journal of Renewable Energy, vol. 2, no. 1, pp. 234–239, 2000.

5. R. C. Bansal, T. S. Bhatti, and D. P. Kothari, "Induction generator for isolated hybrid power system applications: a review," Journal of the Institution of Engineers, vol. 83, pp. 262–269, 2003.

6. B. Singh, R. B. Saxena, S. S. Murthy, and B. P. Singh, "A single-phase induction generator for lighting loads in remote areas," International Journal of Electrical Engineering Education, vol. 25, no. 3, pp. 269–275, 1988.

7. Y. H. A. Rahim, A. I. Alolah, and R. I. Al-Mudaiheem, "Performance of single phase induction generators," IEEE Transactions on Energy Conversion, vol. 8, no. 3, pp. 389–395, 1993.

8. O. Ojo and I. Bhat, "Analysis of single-phase self-excited induction generators: model development and steady-state calculations," IEEE Transactions on Energy Conversion, vol. 10, no. 2, pp. 254–260, 1995.

9. E. Muljadi, T. A. Lipo, and D. W. Novotny, "Power factor enhancement of induction machines by means of solid-state excitation," IEEE Transactions on Power Electronics, vol. 4, no. 4, pp. 409–418, 1989.

10. T. A. Lettenmaier, D. W. Novotny, and T. A. Lipo, "Single-phase induction motor with an electronically controlled capacitor," IEEE Transactions on Industry Applications, vol. 27, no. 1, pp. 38–43, 1991.

11. I. Tamrakar and O. P. Malik, "Power factor correction of induction motors using PWM inverter fed auxiliary stator winding," IEEE Transactions on Energy Conversion, vol. 14, no. 3, pp. 426–432, 1999.

12. C. Suciu, L. Dafinca, M. Kansara, and I. Margineanu, "Switched capacitor fuzzy control for power factor correction in inductive circuits," in Proceedings of the Power Electronics Specialists Conference, Galway, Irlanda, June 2000.

13. W. Hanguang, C. XIUMIN, L. Xianliang, and Y. Linjuan, "An investigation on three-phase capacitor induction motor," in Proceedings of Third Chinese International Conference on Electrical Machines, pp. 87–90, Xi'an, China, August 1999.

14. R. C. Bansal, "Three-phase self-excited induction generators: an overview," IEEE Transactions on Energy Conversion, vol. 20, no. 2, pp. 292–299, 2005.

15. J. M. Elder, J. T. Boys, and J. L. Woodward, "Self-excited induction machine as low cost generator," IEE Proceedings C, vol. 131, no. 2, pp. 33–41, 1984.

16. S. S. Murthy, "Novel self-excited self-regulated single phase induction generator," IEEE Transactions on Energy Conversion, vol. 8, no. 3, pp. 377–382, 1993.

17. T. Fukami, Y. Kaburaki, S. Kawahara, and T. Miyamoto, "Performance analysis of a self-regulated self-excited single-phase induction generator using a three-phase machine," IEEE Transactions on Energy Conversion, vol. 14, no. 3, pp. 622–627, 1999.

18. F. Parasiliti and M. Villani, "Design of high efficiency induction motors with die-casting copper rotors," in Energy Efficiency in Motor Driven Systems, F. Parasiliti and P. Bertoldi, Eds., pp. 144–151, Springer, 2003.

19. E. F. Brush, J. G. Cowie, D. T. Peters, and D. J. Van Son, "Die-cast copper motor rotors: motor test results, copper compared to aluminum," in Energy Efficiency In Motor Driven Systems, F. Parasiliti and P. Bertoldi, Eds., pp. 136–143, Springer, 2003.

20. R. C. Bansal, T. S. Bhatti, and D. P. Kothari, "Some aspects of grid connected wind electric energy conversion systems," Journal of the Institution of Engineers, vol. 82, pp. 25–28, 2001.

21. Nordisk Regelsamling (Nordic Grid Code), Nordel, 2004.

22. T. S. Bhatti, R. C. Bansal, and D. P. Kothari, "Reactive power control of isolated hybrid power systems," in Proceedings of the International Conference on Computer Applications in Electrical Engineering Recent Advances, pp. 626–632, Roorkee, India, February 2002.

23. B. Singh, S. S. Murthy, and S. Gupta, "Analysis and design of STATCOM-based voltage regulator for self-excited induction generators," IEEE Transactions on Energy Conversion, vol. 19, no. 4, pp. 783–790, 2004.

24. J. M. Elder, J. T. Boys, and J. L. Woodward, "The process of self excitation in induction generators," IEE Proceedings B, vol. 130, no. 2, pp. 103–108, 1983.

25. S. N. Mahato, M. P. Sharma, and S. P. Singh, "Transient performance of a single-phase self-regulated self-excited induction generator using a three-phase machine," Electric Power Systems Research, vol. 77, no. 7, pp. 839–850, 2007.

第6章

在风力机齿轮箱中有关疲劳度评估的动态齿轮接触力的时域建模与分析

Wenbin Dong，Yihan Xing，Torgeir Moan

6.1 简介

随着风能在能源市场中份额的增长，大型风力机的设计与实施已经成为普遍现象。然而，自从其开始，风能产业就一直经受着很高的齿轮箱故障率[1]。为了达到规定的20年的设计寿命目标，大多数系统在达到预期的寿命之前都需要大量的维护和大修[2-4]。基于 Musial 等人的工作，对故障的性质做出了一些明确的总结[5]：①一般来说，齿轮箱的故障不是针对某个具体的制造商或某种风力机模型；②不遵守齿轮行业公认的做法，或者是使用拙劣的工艺，并不是故障的主要根源；③大多数齿轮箱故障不是因齿轮故障，或是因齿轮齿的设计缺陷开始的，而齿轮箱高达 10% 的故障率可能是与齿轮相关的制造异常和质量问题有关；④大多数的风力机的齿轮箱故障似乎都是从轴承上开始的；⑤相信 5～10 年前，在 500～1000kW 的风力机中可观察到的齿轮箱故障，在今天使用的 1～2MW 具有相同结构风力机的齿轮箱中仍可能发生。随着大型风力机的发展，齿轮箱的重建成本以及和这些故障相关的停机时间已经成为风能行业总成本中很大的一部分[6]。目前，NREL⊖正在进行一个长期的项目。此项目旨在提高动态齿轮箱测试的准确性，以评估模拟现场条件下的齿轮箱和传动系统的选择、问题和解决方案。此外，随着计算机技术、仿真工具和测量设备的不断发展，为了增加齿轮箱的长期使用的可靠性，并且使其设计更加合理，在齿轮箱的设计负载预测中，人们对利用时域仿真和物理测试的兴趣越来越大。在当前的一些研究中，Klose 等人在参考文献 [7]中，通过时域并结合风和波浪负载对导管架支撑结构的风力机行为和结构力学进行了综合分析。Seidel 等人使用顺序耦合的全耦合的方法来模拟导管架风力机上的海上负荷，并利用来自 DOWNVinD 项目的测量数据对这些方法进行验证[8]。Gao 和 Moan 在参考文献 [9] 中，利用时域仿真对海上固定式风力机进行了长期疲劳分析。Dong 等人在参考文献 [10] 中使用时域仿真对导管架型海上风力机的多平面管状接头进行了长期性疲

⊖　NREL 为 National Renewable Energy Laboratory 缩写，即美国国家可再生能源实验室。——译者注

劳分析。Peeters 等人在参考文献［11，12］中，Xing 等人在参考文献［13］中使用多体仿真对风力机内部的传动系统的动力学做了详细的分析。然而，目前，在动态情况下的风力机传动系统中，基于机械部件（如主轴、齿轮和轴承）的长期时域分析的文献非常有限。这主要是由有关传动系统建模和仿真的计算工作和规模的复杂性所决定的。最近，Dong 等人在参考文献［14］中，建立并应用了一个长范围的时域。这个时域是基于动态条件下风力机的齿轮接触疲劳度分析。在当前的研究中，对一些在参考文献［14］中遇到的基于齿轮接触疲劳分析的实践问题进行了探讨。这些问题如下：①在低风速条件下，齿轮反向旋转的问题，②时域仿真下的不确定性影响，③动态条件下齿轮齿的长期接触的疲劳分析的简化。在此提出了一些解决这些问题的有用建议。

6.2　风力机的时域分析

在本研究中，以一个 750kW 的陆基风力机作为案例进行研究。这个陆基风力机来自于美国科罗拉多州国家可再生能源实验室（NREL）的齿轮箱可靠性综合项目（GRC）。这个风力机是一个三叶迎风型风力机。它标定的轮毂高度是 55m，风轮直径是48.2m；额定的发电机转速是 22/15r/min，这个额定速度说明它是一种双速发电机，它是四极（4P）和六极（6P）的发电机，它的额定功率分别是 750kW 和 200kW；其标定切入风速是 3m/s；额定风速是 16m/s；切出风速是 25m/s；应用了失速调节控制；设计风速是 IEC Class II，设计寿命为 20 年。这种风力机的传动系统结构如图 6-1 所示。它的性能如图 6-2 所示。有关这种风力机的更多细节可以在参考文献［15，16］中找到。

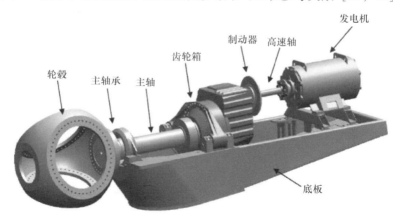

图6-1　风力机的传动系统结构[16]

这个分析分两步进行。第一步，使用 NREL 的 FAST 代码进行全局空气弹性仿真[18]。FAST 是一种空气弹性代码，用于计算气动负载效应下的耦合风力机的结构响应。在 SIMPACK 中[19]，得到了主轴转矩的时间序列并将其用作多体齿轮箱模型的输入。SIMPACK 是一种多目标多体代码，具有可用于模拟齿轮箱的特殊功能。图 6-3 显

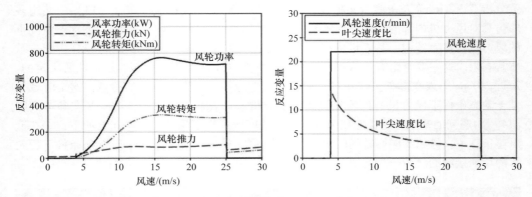

图 6-2 风力机传动系统性能[17]

示了齿轮箱的内部组件，图 6-4 显示了 SIMPACK 中相对的齿轮箱模型。图 6-5 显示了一个使用四极发电机时主轴转矩计算结果的例子。

图 6-3 齿轮箱内部组件[16]

图 6-4 在 SIMPACK 中的齿轮箱原始模型

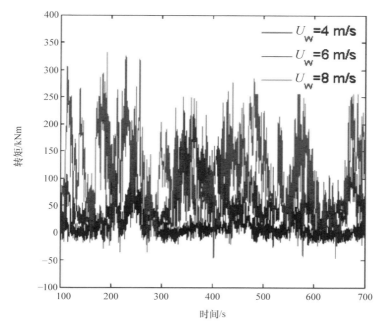

图 6-5　使用四极发电机时主轴转矩的时间历程

在 SIMPACK 中，齿轮箱的每个部件被建模为刚体，并使用节点和力单元模块相互连接。在图 6-6 中画出了齿轮箱模型的拓扑图。

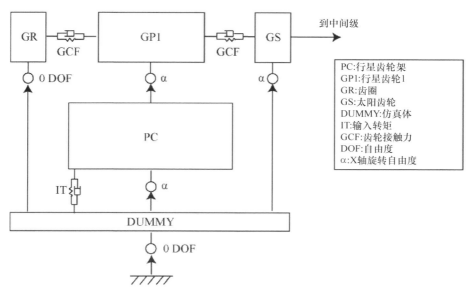

图 6-6　SIMPACK 中齿轮箱模型的拓扑图

在 SIMPACK、FE225 中，齿轮副的力元件被用于对齿轮接触进行建模。FE225 将齿轮接触模拟为一系列离散弹簧和阻尼器。齿轮的刚度按照 ISO 63336 - 1 进行了计算[20]。这个刚度参数取决于接触点的位置和齿轮的几何形状。作用在每个单独齿轮上的力和转矩是作为齿轮刚度和齿轮齿处的穿透深度来计算的。FE225 还考虑了正常阻尼、库仑摩擦、齿隙和微观形状。啮合齿轮的接触力是采用经典的切片方法得到的。螺旋齿轮可以被看作是几个非常薄的圆柱状齿轮，它们被安装在共同的轴上，并分别以一个小的角度绕它们共同的轴线旋转[21]。以这种方法将螺旋齿切成几个独立的圆柱形齿。更多关于切片方法的细节可以在参考文献［22，23］中找到。在本研究中，在接触点上齿轮接触力的时间序列被用于 6.3 ~ 6.5 节的研究。而这个接触力是啮合齿轮在不同风速中的某个切片上产生的。

6.3　齿轮的转矩反向问题

在这里使用了 6.2 节所述的两步分析过程。分别从 FAST 和 SIMPACK 仿真中得到风力机主轴转矩和啮合齿轮产生的齿轮接触力的时间序列。在图 6-5 所示的分析中，在低风速下（即 4m/s、6m/s 和 8m/s），转矩在短时间内是负的。这意味着齿轮在整个时间内不会在单侧啮合。一般来说，这种现象对于齿轮箱的可靠性是不利的。图 6-7 显示了使用四极发电机和在风速为 4m/s 时，齿轮接触力的时间序列的示例。符号 "tooth - 1" "tooth0" 和 "tooth + 1" 也在图 6-8 进行了定义。它们代表了齿轮啮合的不同阶段、分别是啮合阶段、中间阶段和凹口阶段。在图 6-7 所示的分析中，齿轮齿所经历的接触力并不总是正的，这与图 6-5 所展示的情况是一致的。这意味着齿轮接触力不仅仅在齿轮齿的一侧，例如表面 A。如图 6-9a 所示，当接触力为负时，接触面发生在表面 B。从接触疲劳的角度来看，这是有益的。然而，从齿轮齿根弯曲疲劳的角度来看，这是非常糟

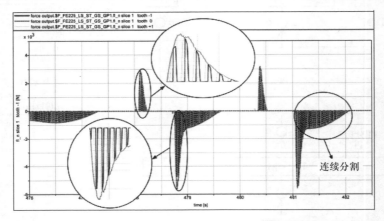

图 6-7　基于在 SIMPACK（U_w = 4m/s）中的时域仿真的齿轮接触力的时间历程

糕的。在齿轮齿的根部可能产生裂缝，并由此开始延伸至内部，这会导致故障。这一现象在图 6-9 中画出。这种现象引起的另一个重要问题是接触力的后处理。为了进行基于时域的齿轮接触疲劳分析，需要一个接触力的时间序列。这个接触力是在某个齿轮齿的选定的接触位置上。然而，转矩反向问题使得后处理变得困难和不准确。必须使用一种简化的方法，这在随后的段落中进行了描述。

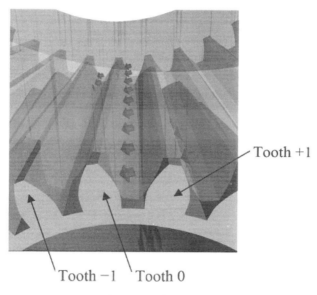

图 6-8　啮合齿轮方案

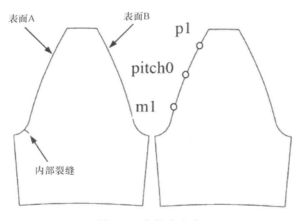

图 6-9　齿轮齿方案

在这项研究中，在低风速（4m/s、6m/s 和 8m/s）下考虑和比较了三种不同的发电机控制器。它们是四极控制器、六极控制器和简单变速（VS）控制器。其中四极控制器和六极控制器是从 NREL 直接获得。简单变速控制器是由我们自行设计。变速控制器是基于在低风速下的最大化发电量原理设计的。这意味着如图 6-10 右侧所示，拟合出的转矩速度曲线通过了图 6-10 左侧显示的单独曲线的最大值。图 6-11 显示了在 $U_w = 4m/s$ 时不同发电机控制器的转矩比较。正如我们在图中看到的，这里没有负的转矩。六极控制器要优于四极控制器，但是这里仍有很多负的转矩。由于对于四极和六极控制器来说，在低风速的情况下转矩反向的问题是非常严重的，所以要确定一个连续时间分割。这个连续时间分割是依据平均接触力的最大值，从每种风速的接触力的整个时间序列中得到。并将些连续时间分割用于获得每个仿真样本的接触力的平均值和标准差。以上是本研究中使用的简化方法。值得注意的是，对于不同的仿真样本，这个分割的长度不是统一的，应按具体情况具体确定。

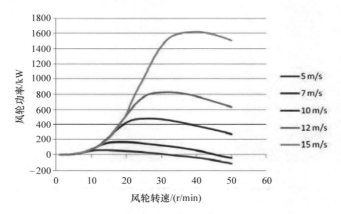

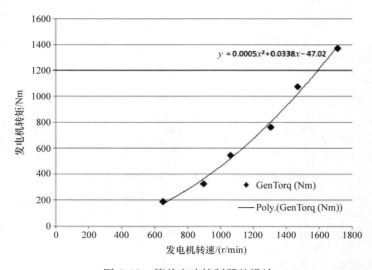

图 6-10 简单变速控制器的设计

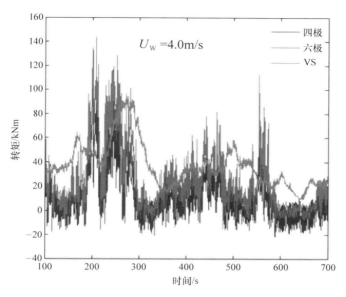

图 6-11　使用不同发电机控制器的主轴转矩的时间历程

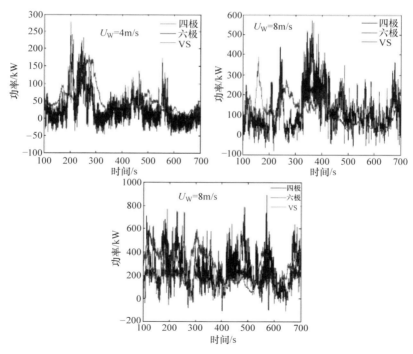

图 6-12　使用不同发电机在不同风速下的功率曲线

图 6-12 显示了不同发电机控制器相对于三种不同风速的功率曲线的比较。该图所

示分析中，在 $U_w = 4\mathrm{m/s}$ 和 $U_w = 6\mathrm{m/s}$ 的情况下，四极、六极和 VS 控制器之间没有显著的差别。四极和 VS 控制器在 $U_w = 8\mathrm{m/s}$ 时，会产生比六极控制器更多的功率。此外，对于 VS 控制器在所有风速下模拟都没有负值。

图 6-13（F_C 表示从时域仿真中获得的齿轮接触力）显示了平均接触力变化的比较。这些接触力具有在不同风速和使用不同发电机在三个不同接触点的样本仿真增量。如前所述，p1 是啮合点，pitch0 是啮合节点，m1 是凹点。对每种风速进行了 20 次仿真。仿真的时长是 700s，并舍弃前 100s。在图 6-13 所示的分析中，在三个不同接触点上的平均接触力非常相似。VS 控制器的平均接触力小于四极和六极控制器的。对上述四极和六极控制器的接触力时间序列的简化处理可能是保守的。随着风速的增加，四极控制器的平均接触力要比六极和 VS 控制器增加得更快。一般来说，从接触疲劳和弯曲疲劳的角度来看，六极控制器和 VS 控制器要比四极控制器更好。从发电的角度来看，特别是在风速高于 6m/s 时，四极控制器可能比六极和 VS 控制器更好。

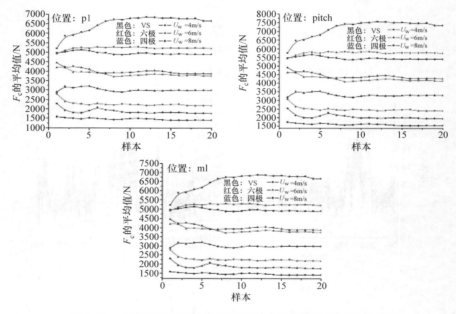

图 6-13 在不同的接触点、不同的风速和不同的样本数量上，
当使用不同的发电机时的平均接触力的变化

6.4 时域仿真的统计学不确定性影响

对于风力机，它们的性能会受到一系列的不确定性影响。这些不确定性是由于系统或环境的固有物理随机性（被称为偶然不确定性，例如，自然风的过程）所引起。这些不确定性还可能是由于对系统或环境知识的缺乏（被称为认识不确定性，例如，模

型不确定性和统计学不确定性）所引起。以量化方式结合工程问题对这些不确定性进行合理的处理，以及用分析的方式对物理表示进行合理的处理是可靠性分析的本质。在本节中，考虑了时域仿真的统计学不确定性。这种不确定性主要是由于不同的样本数据集通常会产生不同的统计估计量（例如，样本均值、样本标准等）造成的。

对于风力机的时域仿真，关键点之一是湍流风场的模拟。在这项研究中，湍流风场是使用 TurbSim 代码进行模拟的，这是一个随机的全场湍流模拟器。它使用统计学模型对具有三个分量的风速向量进行数值仿真，这个风速向量是位于空间固定的二维垂直矩形网格中的点上。图 6-14 显示了 TurbSim 风场的示例。在 TurbSim 中，使用了由伪随机数发生器产生的随机数来创建风速时间序列的随机相位（对于每个频率、每个网格点、每个风速分量都有一个）。对于相同的平均风速，如果随机数值不同，则风速的时间序列将会不同。这将影响施加在叶片上的气动力和施加在风力机发电机主轴上转矩的计算。图 6-15 给出了获得于 FAST 中，对于相同风速（$U_w = 16 \text{m/s}$），但具有不同随机数的转矩时间序列的仿真。一般来说，在相同平均风速下的模拟样本数量越多，仿真的结果越好。然而，时域仿真通常非常耗时，并且数据量非常大，所以有必要对于一个确定的风速来制定一个合适的样本大小。这将导致所谓的统计不确定性。在本研究中，对不同风速下接触力的统计不确定性进行了估计，而这个接触力的计算采用了数值仿真。在 1h 的范围，平均风速 U_w 是 4～24m/s，具有 2m/s 的增量。对于每种风速，使用不同的随机种子数进行了 20 次仿真。对于每次仿真，获得一个齿轮接触力的时间历程，并用作样本。因此，对于每种风速总共获得了 20 个样本。

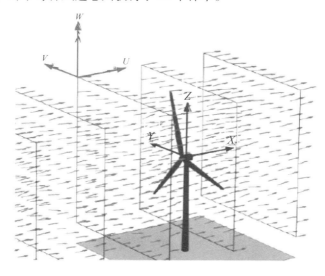

图 6-14　在 TurbSim 中风场仿真的样例[24]

图 6-16 显示了对于不同的风速和不同的仿真样本，在三个不同接触点上齿轮接触力变异系数（COV）的变化。在图中这个量（COV）是由 x 的样本集合（$x = 1$，2，

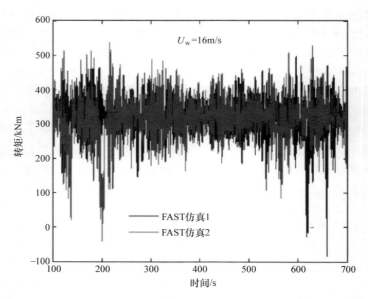

图 6-15　在 FAST 仿真中，相同风速、不同仿真的主轴转矩时间序列（随机数是不同的）

3，…，20）决定的，这与图 6-17 和图 6-18 中的量相同。这里使用了四极发电机控制器。参数 COV 由下式定义：

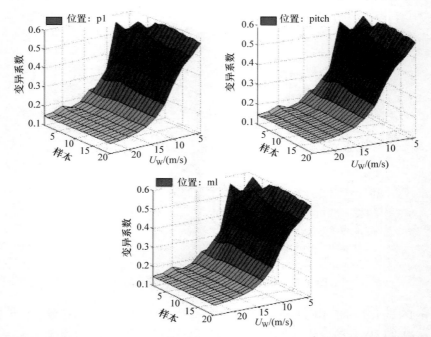

图 6-16　在不同接触点、不同风速和不同仿真样本数中使用四极控制器时接触力的变异系数的变化

$$COV = \frac{\sigma_F}{\mu_F} \tag{6-1}$$

式中，μ_F 代表接触力的平均值；σ_F 代表接触力的标准差。

图 6-17 显示了对于不同风速和不同仿真样本，在三个不同的接触点上参数 ξ 的变化。这里使用了四极发电机控制器。参数 ξ 由下式定义：

$$\xi = \frac{COV_c^i - COV_c^{20}}{COV_c^{20}} \cdot 100\% \tag{6-2}$$

式中，COV_c^i 表示接触力的变异系数，它基于第 i 个仿真样本（$i = 1$，2，3，…，20）。

在图 6-16 所显示的分析中，在三个不同接触点上接触力的变异系数的变化是非常相似的。在低风速下，变异系数的值可达到 0.6。随着风速的增加，它会显著地下降，这表明湍流效应会随风速的增加而减弱。在图 6-17 所示的分析中，在三个不同接触点上的参数 ξ ［见式（6-2）］的变化非常相似。在低风速下（$U_w < 12m/s$），ξ 的值与其他风速下相比非常的高，特别当仿真样本少于 10 时。ξ 的最大值可增大 24%。这里的研究结果表明，在使用了上一节讨论的简化方法后，可能会有更大的不确定性。这是因为简化了的方法使用了最初仿真长度的一部分，即较短的仿真长度。因此，建议在采用简化方法时应使用更多的样本。基于本研究中的工作，在低风速下至少应该使用 10 个仿真样本，以便使 ξ 的值保持在 5% 以内。

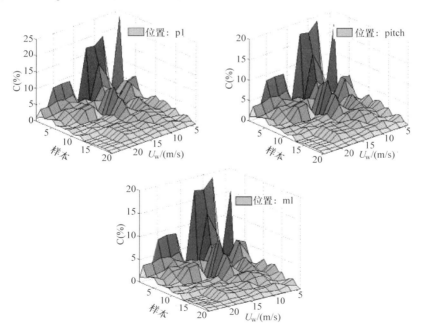

图 6-17　在不同的接触点、风速和仿真样本数量下，使用四极控制器时 ξ ［见式（6-2）］ 的变化

在图 6-16 中，使用了四极发电机控制器。在这个研究中，在 $U_w = 4m/s$、$6m/s$、$8m/s$ 的情况下，在使用六极和 VS 控制器时变异系数的值和四极控制器的进行了比较，如图 6-18 所示。在图 6-18 所示的分析中，对于每一个控制器，在三个不同接触点上接触力的变异系数值的变化非常相似。对于六极和 VS 控制器，变异系数的值要比四极控制器的小。从不确定性水平的角度来看，六极控制器和 VS 控制器的优点会随风速的增加而增加。其中的一个原因是，用于六极控制器和 VS 控制器的接触力的时间序列比四极控制器的时间序列长得多，特别是对于 VS 控制器。图 6-18 显示了在 pitch 点的比较结果。在其他点（如啮合点和凹点）的情况与 pitch 点的情况是类似的，所以不在此复述。基于本研究中所做的工作，如果使用六极或 VS 控制器，在低风速下（$U_w < 12m/s$）至少需要 6~8 个仿真样本，以便获得相对稳定的接触力的变异系数值。

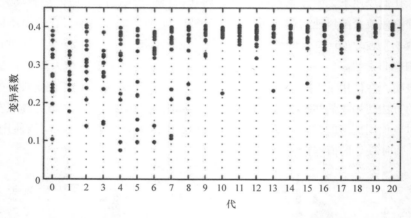

图 6-18　在 pitch 接触点，当使用不同控制器时，接触力的变异系数的变化

在本节中，探讨了由于时域仿真而引起的齿轮接触力计算的统计不确定性。应该注意的是，如 6.2 节所述，应用解耦动态响应分析方法和简化的刚性齿轮箱模型。这些简化将导致所谓的模型不确定性，它可以通过更精确的方法（例如，完全耦合方法）和更精确的模型（例如，具有柔性部件的齿轮模型）来减少。本研究中所使用的解耦分析方法的有效性在参考文献［14］中得到了验证。模型的不确定性分析超出了本节的范围，我们可能在下一步的工作中对它进行研究。此外，在本研究中的统计不确定性分析主要涉及正常运行中基于时域的齿轮接触疲劳评估。需要注意的是，在正常运行中，风力机极端负载情况的分析是不同的。对于极端负载的分析，应该从某个变量的时间历程获得峰值，并应用超越概率论。关于风力机极端负载更多的细节分析可在参考文献［25 –28］中找到。

6.5　简化的齿轮接触疲劳分析

最近 Dong 等人在参考文献［14］中提出了一种简化的预测点蚀模型来估计齿轮的

使用寿命，并与已发布的实验证据进行比较来验证其有效性。该模型建立了风力机全局动态响应分析和传动系统中齿轮的详细接触疲劳分析之间的联系，它可由下式表示：

$$N_{\mathrm{p}} = \int_{a_0}^{a_j} \frac{1}{C \cdot G_{2a}^m \cdot U^m \cdot \Delta p_{\max}^m} \mathrm{d}a \qquad (6\text{-}3)$$

式中，N_{p} 表示裂纹扩展的周期数。C 和 m 代表材料常数。G_{2a} 代表几何函数。U 是一个与裂纹有关的因数。$\Delta \bar{p}_{\max}$ 代表等效的最大接触压力范围，它可由下式给出：

$$\Delta \bar{p}_{\max} = \Big(\int_0^\infty \Delta p_{\max}^m \cdot f_{\Delta p_{\max}} (\Delta p_{\max}) \mathrm{d}\Delta p_{\max} \Big)^{1/m} \qquad (6\text{-}4)$$

式中，$\Delta p_{\max}$ 表示最大接触压力范围，它可通过时域仿真或现场测试来计算。$f_{\Delta p_{\max}}$ 代表 $\Delta p_{\max}$ 的概率密度分布。

　　为了获得 $\Delta p_{\max}$，对齿轮负载的精确后处理就变得很重要。图 6-19 显示了具有齿轮齿编号的太阳齿轮。为了进行基于时域的齿轮接触力分析，对于每个齿轮齿的接触力时间序列应通过后处理 MBS 仿真结果来获得。实际上，这个过程非常耗时并且不方便，特别是对于低风速时转矩反向问题很严重的情况。因此，我们期望有简化的方法。在这项研究中，使用三种不同的方法计算了太阳齿轮代表性齿面上三个不同位置接触力的平均值和标准差。这三个位置如图 6-9 所示。这三个不同的方法如下所述：

图 6-19　在 SIMPACK 模型中太阳齿轮的前视图

　　● 最大损伤方法：对于每种风速，根据最大平均接触力确定最危险的齿轮齿。然后定义一个虚齿轮齿。进一步假设每种风速中最危险齿轮齿接触力的时间序列全部施加在这个虚齿轮齿上，它是作为所有 21 个虚齿轮齿的代表。

　　● 最小损伤方法：这种方法与第一种方法类似，对于每种风速下确定具有最小平均齿轮接触力的最安全齿轮齿。然后也定义了一个虚齿轮齿。还假定了每种风速下最安全齿轮齿接触力的时间序列，并将其全部施加在这个虚齿轮齿上，它也被用作所有 21 个齿轮齿的代表。

　　● 简单平均法：直接使用了来自 SIMPACK 仿真的齿轮接触力的时间序列。假设在太阳齿轮上每个齿表面的相同接触点的接触力的时间序列是相同的。

　　图 6-20 显示了在不同风速下，三个不同的接触点上使用三种不同方法的平均接触力的比较。

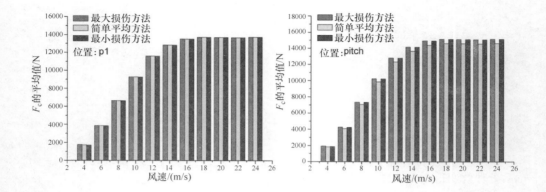

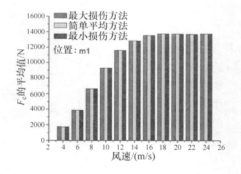

图 6-20   在不同的接触点和风速下，使用不同方法时平均接触力的比较

图 6-21 显示了接触力标准差的比较。在这里使用了四极控制器。在这些图展示的分析中，在接触点 p1 和 m1，及在不同风速下对于以上三种不同方法，平均接触力和标准差总是相同的。在接触点 pitch0，对于不同风速下采用简单平均方法的平均接触力和标准差，略小于采用最大损伤方法和最小损伤方法时的值，而这些方法不是那么保守。此外，在本研究中，还考虑了四极和 VS 控制器的情况，并与四极控制器的结果进行了比较，如图 6-22、图 6-23 所示。在这些图中所展示的分析中，六极和 VS 控制器的情况与四极控制器的情况非常相似。图 6-20 ~ 图 6-23 显示了简单平均方法对不同风速和不同发电机控制器的有效性。

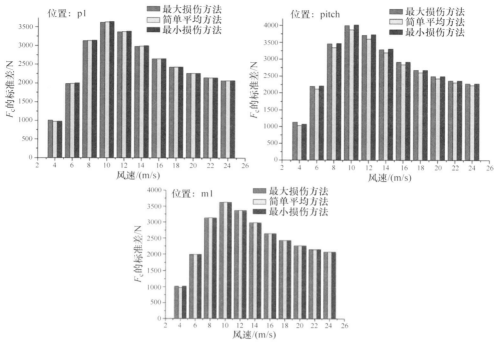

图 6-21　在不同的接触点和风速下，使用不同方法时接触力的标准差的比较

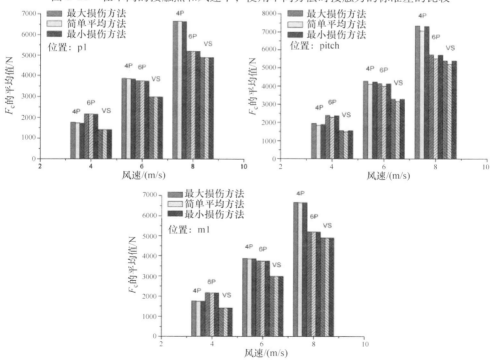

图 6-22　在不同接触点、发电机和风速下，使用不同方法时平均接触力的比较

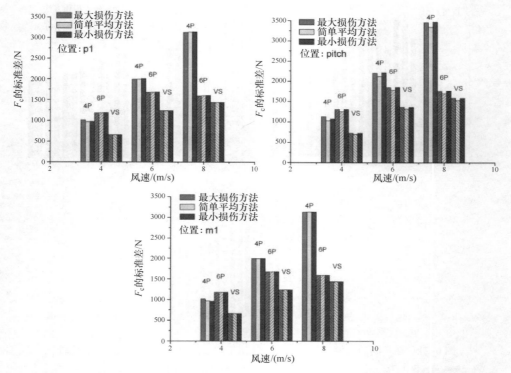

图 6-23 在不同接触点、发电机和风速下，当使用不同方法时接触力标准差的比较

6.6 总结

在本章中，讨论了基于时域的齿轮接触疲劳分析中遇到的三个实际问题。主要的结论如下：

1）对于四极和六极发电机控制器，在低风速下（如 4 ~ 8m/s），反向旋转问题是很严重的。为了避免这种情况，可以使用 VS 发电机控制器。在低风速下，一个连续分割，来自于关于四极和六极控制器齿轮接触力的整个时间段，在这里其具有最大的平均接触力。在低风速下，这个分割可能被用于去做基于时域的齿轮接触力分析，并且其结果可能是保守的。

2）在不同接触点，变异系数的值是类似的。为保持 ξ［见式（6-2）］的值在 5% 以内，对于四极控制器，在低风速时（$U_w < 12\mathrm{m/s}$），如果采用在 6.3 节中提到的简化方法，则至少需要 10 个仿真样本，而对于六极和 VS 控制器，则至少需要 6 ~ 8 个仿真样本。在高风速（$U_w > 12\mathrm{m/s}$）下，对于四极、六极和 VS 发电机控制器，有 5 ~ 6 个仿真样本就好。

3）对于不同风速和不同发电机控制器，简单平均方法同样精确，并且比最大损伤方法和最小损伤方法更加有效。

在本研究中，只考虑了主轴负载。在未来的工作中，可以研究非转矩负载的影响。另外，在本章中使用了一种简单的刚体齿轮箱模型，在未来的工作中，可以应用更精确的齿轮箱模型，例如具有柔性部件的模型。此外，更大的兆瓦级风力机（陆上的和海上的）的时域仿真模型，也可能在未来的工作中应用。

参 考 文 献

1. McNiff, B.; Musial, W.D.; Errichello, R. Variations in Gear Fatigue Life for Different Wind Turbine Braking Strategies; Solar Energy Research Institute: Golden, CO, USA, 1990.
2. Facing up to the gearbox challenge: A survey of gearbox failure and collected industry knowledge. Windpower Monthly, November 2005, Volume 21, No. 11.
3. Rasmussen, F.; Thomsen, K.; Larsen, T.J. The Gearbox Problem Revisited; Riso Fact Sheet AED-RB-17(EN); Riso National Laboratory: Roskilde, Denmark, 2004.
4. Tavner, P.J.; Xiang, J.; Spinato, F. Reliability analysis for wind turbines. Wind Energy 2006, 10, 1–18.
5. Musial, W.; Butterfield, S.; McNiff, B. Improving Wind Turbine Gearbox Reliability. In Proceedings of European Wind Energy Conference, Milan, Italy, 7–10 May 2007.
6. Oyague, F.; Gorman, D.; Sheng, S. NREL Gearbox Reliability Collaborative Experimental Data Overview and Analysis. In Proceedings of Windpower 2010 Conference and Exhibition, Dallas, TX, USA, 23–26 May 2010.
7. Klose, M.; Dalhoff, P.; Argyriadis, K. Integrated Load and Strength Analysis for Offshore Wind Turbines with Jacket Structures. In Proceedings of the 17th International Offshore (Ocean) and Polar Engineering Conference (ISOPE 2007), Lisbon, Portugal, 1–6 July 2007.
8. Seidel, M.; Ostermann, F.; Curvers, A.P.W.M.; Kuhn, M.; Kaufer, D.; Boker, C. Validation of offshore load simulations using measurement data from the DOWNVInD project. In Proceedings of European Offshore Wind Conference, Stockholm, Sweden, 14–16 September 2009.
9. Gao, Z.; Moan, T. Long-term fatigue analysis of offshore fixed wind turbines based on time-domain simulations. In Proceedings of the International Symposium on Practical Design of Ships and Other Floating Structures (PRADS), Rio de Janeiro, Brazil, 19–24 September 2010.
10. Dong, W.B.; Gao, Z.; Moan, T. Fatigue reliability analysis of jacket-type offshore wind turbine considering inspection and repair. In Proceedings of European Wind Energy Conference, Warsaw, Poland, 19–23 April 2010.
11. Peeters, J.; Vandepitte, D.; Sas, P. Analysis of internal drive train dynamics in a wind turbine. Wind Energy 2006, 9, 141–161.
12. Peeters, J. Simulation of Dynamic Drive Train Loads in a Wind Turbine. Ph.D. Thesis, Department of Mechanical Engineering, Division of Production Engineering, Machine Design and Automation (PMA), Katholieke Universiteit Leuven, Leuven, Belgium, 2006.

13. Xing, Y.H.; Moan, T. Wind turbine gearbox planet carrier modeling and analysis in a multibody setting. Wind Energy 2012, submitted.

14. Dong, W.B.; Xing, Y.H.; Moan, T.; Gao, Z. Time domain based gear contact fatigue analysis of a wind turbine drivetrain under dynamic conditions. Int. J. Fatigue 2012, in press.

15. Bir, G.S.; Oyague, F. Estimation of Blade and Tower Properties for the Gearbox Research Collaborative Wind Turbine; Technical Report NREL/EL-500-42250; National Renewable Energy Laboratory (NREL): Golden, CO, USA, 2007.

16. Oyague, F. GRC Drive Train Round Robin GRC 750/48.2 Loading Document (IEC 61400-1 Class IIB); National Renewable Energy Laboratory: Golden, CO, USA, 2009.

17. Xing, Y.H.; Karimirad, M.; Moan, T. Modeling and analysis of floating wind turbine drivetrain, Wind Energy 2012, submitted.

18. Jonkman, J.M.; Buhl, M.L., Jr. FAST User's Guide; Technical Report NREL/EL-500-38230; National Renewable Energy Laboratory (NREL): Golden, CO, USA, 2005.

19. SIMPACK Reference Guide, SIMPACK Release 8.9. September 1, 2010/SIMDOC v8.904; SIMPACK AS: Munich, Germany, 2010.

20. ISO 6336-1. Calculation of Load Capacity of Spur and Helical Gears—Part 1: Basic Principles, Introduction and General Influence Factors, 2nd ed.; The International Organization for Standardization: Geneva, Switzerland, 2006.

21. Flodin, A.; Andersson, S. A simplified model for wear prediction in helical gears. Wear 2001, 241, 285–292.

22. Haines, D.J.; Ollerton, E. Contact stress distributions on elliptical contact surfaces subjected to radial and tangential forces. Proc. Inst. Mech. Eng. 1963, 177, 95–114.

23. Kaller, J.J. Three-Dimensional Elastic Bodies in Rolling Contact; Kluwer Academic Publishing: Dordrecht, The Netherlands, 1990.

24. Jonkman, B.J. TurbSim User's Guide, version 1.50; Technical Report NREL/TP-500-46198; National Renewable Energy Laboratory (NREL): Golden, CO, USA, 2009.

25. Cheng, P.W.; van Bussel, G.J.W.; van Kuik, G.A.M.; Vugts, J.H. Reliability-based design methods to determine the extreme response distribution of offshore wind turbines. Wind Energy 2003, 6, 1–22.

26. Agarwal, P.; Manuel, L. Extreme loads for an offshore wind turbine using statistical extrapolation from limited field data. Wind Energy 2008, 11, 673–684.

27. Fogle, J.; Agarwal, P.; Manuel, L. Towards an improved understanding of statistical extrapolation for wind turbine extreme loads. Wind Energy 2008, 11, 613–635.

28. Nilanjan, S.; Gao, Z.; Moan, T.; Næss, A. Short term extreme response analysis of a jacket supporting an offshore wind turbine. Wind Energy 2012, in press.

第3部分

塔架和基础

第 7 章

基于非线性状态估计技术（NSET）的风力机塔架振动建模与监测

Peng Guo，David Infield

7.1 简介

振动可以很好地指示一系列机械部件和结构的运行状况。因此，振动可以对风力机重要部件（如风轮、传动系统和塔架）的监测提供很好的支持[1,2]。振动信号在时域和频域中的分析都可用来识别这些部件的初始故障，但是塔架分析中和传动系统分析中使用的振动传感器和方法是不同的。对于塔架，因为振动频率很低，所以使用了低频传感器（0 ~ 200Hz），并使用了适当的基于模型的分析方法。而对于传动链轴承和齿轮箱，使用了高频加速传感器（3 ~ 20kHz），并使用了快速傅里叶变换（FFT）和倒谱方法[3]。然而，在对风力机的振动分析的应用中，有两个困难点。第一，目前大型风力机在变速模式下运行，以优化与风速的时间变化有关的性能，所以风轮的旋转速度、齿轮箱和发电机会随风速的变化而发生明显的改变。因为齿轮箱的转速是改变的，所以振动边带的宽度并不固定，这就很难确定齿轮或轴承故障的确切位置。如参考文献［4］中所述，使用阶次分析来处理这个问题，或者进行等效的方位数据采样（而不是固定的时间间隔采样），在这里风轮的振动分析是基于等距旋转角的样本记录而非时间等距样本的记录。第二，在不同的风力机组件之间存在着较强的气动和振动的耦合。因此，许多相互关联的因素可能会影响振动信号。例如，风轮气动力和控制可以显著影响塔架的振动（TV）。当风速高于额定风速时，通常会调整叶片角度以保持额定功率。这将导致作用在风轮上的气动力的变化，因此可能直接导致塔架振动（频率和振幅）的变化。所以，在更广的范围内分析振动是有意义的。

近年来，使用监控和数据采集系统（SCADA）进行数据分析来对风力机的状态进行监测，变得日益普遍。风力机的 SCADA 记录着数百个重要变量，可以更全面地指示风力机的健康状况。在参考文献［5］中所介绍的工作是从基本的物理定律开始的。这些定律被用于齿轮箱，以推导出温度、效率、转速和功率输出间的稳定关系。通过这种关系，SCADA 数据中所代表的油温的异常升高可被用于预测齿轮箱的故障。在参考文献［6］中，作者使用 SCADA 数据和数据挖掘算法来预测风力机故障的可能性。在参考文献［7］的研究中，介绍了一种基于 SCADA 数据，并利用神经网络来构造一般齿轮箱运行温度模型和发电机模型的方法。当模型预测和测量值之间的残差变得非常大时，可识别潜在的故障。在本章中，我们也使用了 SCADA 数据进行塔架振动建模和监测。在 SCADA 中，分析了振动信号以及其他相关的变量，以其对塔架和风轮状态进行改进评估。

本章的结构安排如下：7.2 节给出了非线性状态估计技术（NEST）建模方法的详细描述。7.3 节介绍了 SCADA 数据的使用，并分析了哪些因素或变量对塔架振动的影响最为重要。高于和低于额定运行的情况分别处理。7.4 节使用 NSET 来构建塔架振动所需的两个子模型。在 7.5 节中，TVM 用于检测叶片角度误差/不对称性。7.6 节进行了总结与讨论。

7.2 塔架振动建模方法：非线性状态估计技术（NSET）

NSET 是一种非参数模型构建方法，它是由 Singer 首先提出的[8]。这种技术现已广泛应用于核电厂的传感器校准、电器产品寿命预测和软件老化研究[9-11]。

假定存在 n 个与特定过程或设备相关的变量或参数，那么在时间 i，对变量的监测可写成一个观察向量：

$$X(i) = \begin{bmatrix} x_1 & x_2 & \cdots & x_n \end{bmatrix}^\mathrm{T} \tag{7-1}$$

存储矩阵 D 的构造是 NSET 建模方法的第一步。在过程或设备的正常运行期间，所收集的 m 个历史观测向量涵盖了不同操作条件的范围（如高负载和低负载、启动、关闭前等）过程或设备受到的影响，从而构建存储器矩阵 D 为

$$
\begin{aligned}
D &= \begin{bmatrix} X(1) & X(2) & \cdots & X(m) \end{bmatrix} \\
&= \begin{bmatrix} x_1(1) & x_1(2) & \cdots & x_1(m) \\ x_2(1) & x_2(2) & \cdots & x_2(m) \\ \vdots & \vdots & & \vdots \\ x_n(1) & x_n(2) & \cdots & x_n(m) \end{bmatrix}_{n \times m} = \begin{bmatrix} D_{11} & D_{12} & \cdots & D_{1m} \\ D_{21} & D_{22} & \cdots & D_{2m} \\ \vdots & \vdots & & \vdots \\ D_{n1} & D_{n2} & \cdots & D_{nm} \end{bmatrix}_{n \times m}
\end{aligned} \tag{7-2}
$$

存储矩阵中的每个观测向量表示过程或设备的运行状态。通过适当选择 m 个历史观测向量，存储矩阵 D 所跨越的子空间可以代表整个过程或设备的正常工作空间。存储矩阵 D 的构造实际上是学习和记忆过程或设备的正常行为的过程。

参考文献［12］介绍的工作为数据向量选择和存储矩阵构建提供了一个系统的方法。NSET 的输入是某个时间获得的新的观测向量 X_{obs}，而从 NSET 得到的输出是在同一时刻对该输入向量的预测 X_{est}。对于每个输入向量 X_{obs}，NSET 将产生一个 m 维的加权向量 W：

$$W = \begin{bmatrix} w_1 & w_2 \cdots w_m \end{bmatrix}^\mathrm{T} \tag{7-3}$$

$$X_{\mathrm{est}} = D \cdot W = w_1 \cdot X(1) + w_2 \cdot X(2) + \cdots + w_m \cdot X(m) \tag{7-4}$$

式（7-4）意味着 NSET 中的估计是存储矩阵 D 中 m 个历史观测向量的线性组合的

结果。NSET 估计和输入之间的残差是

$$\varepsilon = X_{obs} - X_{est} \tag{7-5}$$

ε 的残差平方和为

$$s(w) = \sum_{i=1}^{n} \varepsilon_i^2 = \varepsilon^T \varepsilon$$

$$= (X_{obs} - X_{est})^T (X_{obs} - X_{est})$$

$$(X_{obs} - DW)^T (X_{obs} - DW) = \sum_{i=1}^{n} \left(X_{obs}(i) - \sum_{j=1}^{n} w_j D_{ij} \right)^2 \tag{7-6}$$

为了得到加权向量 W，我们需要最小化平方和的残差，使得 W_1，W_2，$\cdots$，W_m 的偏导数为零，如下所示：

$$\frac{\delta S(w)}{\delta w_k} = -2 \sum_{i=1}^{n} \left(X_{obs}(i) - \sum_{j=1}^{m} w_j D_{ij} \right) D_{ik} = 0 \tag{7-7}$$

式（7-7）可被写成：

$$\sum_{i=1}^{n} X_{obs}(i) D_{ik} = \sum_{i=1}^{n} \sum_{j=1}^{m} w_j D_{ij} D_{ik} = \sum_{j=1}^{m} \left(\sum_{i=1}^{n} D_{ij} D_{ik} \right) w_j, k = 1,2,\cdots,m \tag{7-8}$$

如果把式（7-8）写成矩阵的形式，则如下：

$$D^T \cdot D \cdot W = D^T \cdot X_{obs} \tag{7-9}$$

从式（7-9）中，我们可以得到加权向量如下所示：

$$W = (D^T \cdot D)^{-1} \cdot (D^T \cdot X_{obs}) \tag{7-10}$$

将式（7-10）代入式（7-4），给出模型预测矢量：

$$X_{est} = D \cdot W = D \cdot (D^T \cdot D)^{-1} \cdot (D^T \cdot X_{obs}) \tag{7-11}$$

从式（7-11）中，我们可以清楚地看到，预测向量是存储矩阵中历史观测向量的线性组合，如上所述。在式（7-11）中，$D^T \cdot D$ 表示存储矩阵中每两个向量之间的点积，$D^T \cdot X_{obs}$ 表示新输入向量与存储器中每个向量之间的点积。欧几里得距离是确定任意两个向量之间关系（距离）的最简单方法，而在 NSET 内使用直观度量向量之间的相似度，所以为了给 NSET 一个更直接的物理解释，这个规范被用作非线性算子，并代入式（7-11）$D^T \cdot D$ 和 $D^T \cdot X_{obs}$ 中的点积。

在 n 维空间中，对于欧几里得距离的非线性算子可简单地表示为

$$\otimes (X,Y) = \sqrt{\sum_{i=1}^{n} (x_i - y_i)^2} \tag{7-12}$$

当用式（7-12）代替式（7-11）中的点积时，其结果是

$$\widetilde{X}_{est} = D \cdot (D^T \otimes D)^{-1} \cdot (D^T \otimes X_{obs}) \tag{7-13}$$

在存储矩阵 D 的构造中，m 个向量中每两个观测向量之间的欧几里德距离应该足够大，以保证条件数不会过多。否则，计算逆矩阵将会非常困难，并且 NSET 模型可能会受到不利的影响。如果我们只是对预测向量中的一个参数感兴趣，如观测向量中的 x_n，则式（7-13）可被简单的表示成如下形式：

$$X_{nest} = [x_n(1) \ x_n(2) \ \cdots \ x_n(m)] \cdot W$$

$$= [x_n(1) \ x_n(2) \ \cdots \ x_n(m)] \cdot (D^T \otimes D)^{-1} \cdot (D^T \otimes X_{obs}) \tag{7-14}$$

在这种情况下，x_n 的预测值就是 x_n 的 m 个历史观测值的线性组合。欧几里得范数用于计算新的输入向量 X_{obs} 和存储矩阵中 m 个向量之间的相似度。假设新的输入测量与存储矩阵中的向量 $X(i)$ 最为相似（在欧几里得意义上），那么它们之间的欧几里得距离是所有 m 个可能距离中最小的，并且对应于 $X(i)$ 是 W 内最大的。总之，存储矩阵中的向量与新的输入存在着最大的相似性，它将对 x_n 的预测做出最大贡献。

当过程或设备正常工作时，NSET 的输入观测向量应该位于存储矩阵 D 表示的正常工作空间中，因此和存储矩阵中的一些历史向量相似。在这种情况下，NSET 估计应该具有很高的准确性。当随着过程或设备出现问题或故障时，它的动态特性将会改变，并且新的观测向量将会从正常工作空间中偏离。这样在存储矩阵中历史向量的线性组合将不提供输入的准确估计，并且残差将以数量级的方式增长，有的时候会非常的明显。

NSET 与人工神经网络（ANN）是非常不同的，它是一种非常普通的数据驱动模型算法，这主要表现在以下两个方面：

1）人工神经网络利用历史数据来训练网络。在训练的过程中，网络将训练数据中信息吸收到权重中。在经过训练之后，这些数据被丢弃。对于每个新输入的变量，网络的权重保持不变，其预测是输入向量中变量的非线性组合。网络的权重没有明确的意义。相反，对于 NSET 建模，其中每个新的观测向量，权重 W 是通过式（7-14）单独产生的。使用 NSET 模型的预测是历史观测数据的线性组合。NSET 模型的权重显示了新输入向量和已经在存储矩阵中的向量之间的相似性。

2）人工神经网络的结构是很难确定的。在实践中，对神经元的数量和隐藏层数量的选择，很大程度上取决于用户的经验。结构简单的人工神经网络通常缺乏足够的建模能力，而结构复杂的神经网络往往会过拟合这个问题。NSET 是一种非参数化建模方法，并且不需要有一个预先确定的结构。存储矩阵的良好构造将确保令人满意的建模精度。这两种方法有着巨大的差异，在参考文献［12］里的一个特定应用中，对这两种方法的建模能力进行了比较，并确认了前面的解释。

当 NSET 用于风力机状态监测时，应仔细考虑 NSET 模型（即从存储矩阵中选择）覆盖的运行时间跨度。环境温度和风速的分布，在一年中不同的时间段可能会有很大的不同。此处所研究的风力机位于北京北面的张家口，那里的温度和风速随季节变化明显。这样的气象参数对风力机部件的运行有着重大的影响。为了达到令人满意的模型精度，NSET 模型覆盖的时间不应过长，理想情况下应将其限制在特定的季节。这确实意味着不得不为每个季节构建不同的 NSET 模型。虽然这样需付出更多的努力，但是一旦模型构建的步骤就绪，任务将不再那么繁重。一个相关的问题是存储矩阵是否应该更新，以便能反映风力机的新运行条件。向存储矩阵中添加新的向量，这样的做法是具有吸引力的。这些新的向量代表着比矩阵初始形成时可能获得的更为极端的外部条件，但必须注意确保风力机在此条件下仍能正常运行。这种做法的风险在于运行被纳入矩阵，因此不太可能将未来的故障识别为异常。有关存储矩阵的更新或修改的困难涉及我们是否可以将代表正常运行的观察矢量和与故障相关的观察矢量进行区分。前者可被添加到存储矩阵，而后者应该被拒绝。主成分分析（PCA）或许可用来区分这两类观测向量。

7.3　风力机的 SCADA 数据准备和塔架的振动分析

本节所研究的风力机位于北京西北部的张家口，它是一台 GE 型 1.5S LE 1.5MW 额定功率的变桨距、变速风力机。风力机的切入风速和额定风速分别为 3m/s 和 12m/s。SCADA 每 10min 记录一次风力机的参数。这个以 10min 为分辨率的数据是一个平均值。每个记录，包括时间戳、风速、叶片角度、塔架和传动系统振动等。测量塔架振动的加速度传感器安装在塔架顶部，与机舱相连。传动系统振动（DTV）加速度传感器安装在高速轴承上。风力机采用以每 10min 为间隔的 SCADA 数据，从 2006 年 3 月到 4 月共产生了 8784 个这样的记录，历时 61 天。这些数据质量很好，并且在此期间没有记录丢失。

对于大型风力机，有几种不同的运行机制来反映不同的风速范围。当风速处于切入风速和额定风速之间时，风力机在最大功率点跟踪（MPPT）机制下运行。在这种情况下，叶片的角度通常是固定的（其角度大约为 2°，取决于叶片的设计），并且风轮的旋转速度被控制为与风速成比例，以此保证 C_{pmax} 下的运行，并因此最大化获取能量。当风速高于额定风速时，风力机被控制在固定（额定）功率输出状态下运行。在这种控制方式中，通过变速驱动器以电子控制方法将功率限制在额定范围内。同时将气动功率保持在一个恒定的平均值上，而这是通过调节叶片角度将风轮速度限制在一个可接受的范围内达到的。在这两种运行方式下，由 SCADA 记录的塔架振动信号自然也是完全不同的。图 7-1 显示 2006 年 3 月 25 日到 2006 年 3 月 29 日期间塔架振动以及相关变量的变化趋势。图 7-2 显示了从 2006 年 4 月 17 日到 2006 年 4 月 22 日的变化趋势。有关塔架振动的物理单位和相关变量在表 7-1 中列出。

表 7-1　SCADA 变量的物理单位

变量名	物理单位	注意
塔架振动	mm/s^2	带宽：0～200Hz
传动系统振动	mm/s^2	带宽：3～20kHz
功率	MW	额定值：1.5MW
风速	m/s	额定值：12m/s
转矩	%	额定值：880kNm
叶片角度	°	低于额定值：2

7.3.1　低于额定风速时的塔架振动分析

低于额定风速时，GE 型风力机的桨距角被固定在 2°。从图 7-1 中，我们可以发现以下的变量会对塔架的振动幅度产生巨大的影响。

1）风速。风速是随机的，并会在风轮上产生随时间变化的力和负载。与这个分析最相关的是转矩和推力，它们大致与低于额定值的风速的 2 次方成比例。如图 7-1 所示，即使低于额定值，风速越大，塔架的振动幅度就越大。这是因为推力的变化幅度会随风速的增加而增加，并且风速的标准差也会随风速的增加而增加。前提是假设湍流强度大致恒定。

2）转矩和功率。在 C_{pmax} 的情况下，如上所述，转矩将大致随风速的 2 次方增加，输出功率大致随风速的 3 次方增加。转矩和功率反映了风力机的工作强度。更高的转矩和功率，高转速的风轮和传动系统，会导致塔架振动增大。

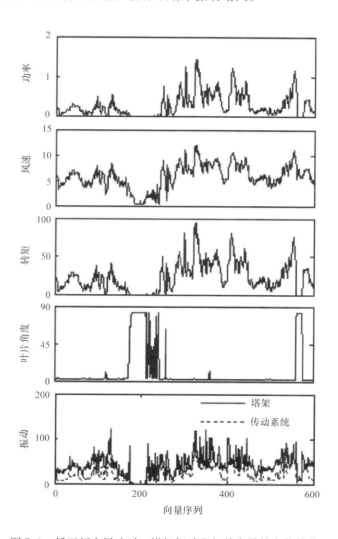

图 7-1　低于额定风速时，塔架振动和相关变量的变化趋势

3）传动系统振动。风力机的传动系统包括主轴承、齿轮箱和发电机轴承。由于传动系统位于机舱内，传动系统的振动将传递到支承结构。在这种情况下，振动会通过塔架的偏航轴承导致塔架的振动。

图 7-1 中，在 175 点处（27/03/2006 02：14：05 AM），风力机经过了紧急停止，叶片从 2°倾斜到 90°，为风轮提供气动制动，这对于紧急停止是正常的（在这种情况下，是远程手动停止）。在这种情况下，风轮的气动力在很短的一段时间内（通常小于 10s）从风力机模式转换为推进器模式。这就导致了塔架上会有很大的冲力。

7.3.2　高于额定风速时的塔架振动分析

关于图 7-2，我们感兴趣的是风速高于额定值时的时段，即从 199 点处到 400 点处。

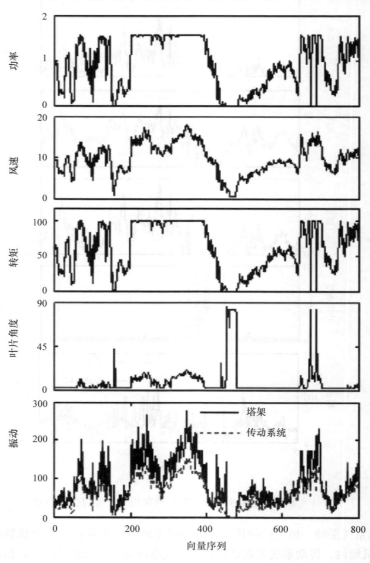

图 7-2　在一些高于额定值的操作时，塔架振动和相关变量的变化趋势

在此期间，风力机在恒定功率输出状态下工作。从图 7-2 中，我们可以看到叶片的角度是根据风速调节的。在这种运行方式下，塔架的振动和下列变量密切相关：

1）叶片角度。当风速高于额定值时，对于 GE 型 1.5SLE 叶片桨距是增加的，以便调节功率。随着叶片桨距角的增大直到超过失速角，气动升力系数会逐渐减小，而阻力系数会迅速增大。从文献（The Energies 2012，5 5287）中可知净效应显著增加了推力，这会导致塔架偏转和振幅的增加。

2）风速。

3）传动系统振动。

所选择的风速和传动系统都与塔架振动相关，其原因与 7.3.1 节相同。这种运行状态下，转矩、输出功率和转速大致恒定，因此对塔架几乎没有影响。

观察图 7-2 中塔架振动（TV）和传动系统振动（DTV）之间的差异，更多的细节揭示了一些有趣的事情。当叶片的角度固定时，这种差别相对较小，换言之，也就是当风力机运行于 C_{pmax} 状态时，这种差别较小。但是当叶片角度改变时，这种差别会显著加大，也就是数据点在 199 ~ 400 之间，风力机运行于额定状态下时。当风速较低时，风轮和塔架上的推力也很小，大部分的负载传递给了传动系统，使得它们之间的振动差异很小。相反地，当风速较高时，叶片角度的调节导致推力发生显著的变化；这直接引起了塔架/风轮模式的振动。在这种情况下，主轴承插入环形结构，如果设计恰当，总负载中只有一小部分会传递到传动系统。其结果是，塔架的振动非常明显，而传动系统的振动仍接近额定功率。

从图 7-1 和图 7-2 中，我们可以看出在两种明显不同的风力机运行方式下，对塔架振动影响最大的变量有很大的不同。所以塔架振动模型（TVM）应该包含**两种不同的子模型**，分别对应于不同的风力机控制模式。

7.4　利用非线性状态估计技术（NSET）的塔架振动建模

塔架振动模型是用来描述塔架振动和控制其行为参数之间的复杂关系的。在本节中，塔架振动模型是利用确定的非线性状态估计技术（NSET），在风力机正常工作时，将其应用于 SCADA 数据中来建立的。这个模型可在后面用作参考。在当前的数据表明运行特性发生了重大变化时，这个模型可用来帮助检测初期的故障。NSET 将建模变量（如塔架振动）及其相关变量（如风速、功率、转矩等）整合为"相关变量集"。并且在采样时刻，"相关变量集"中的变量构成了一个观测向量。在用 NSET 构建了塔架振动模型后，通过给出一个新的观测向量，塔架振动模型的 NSET 建模可对塔架振动进行预测。塔架振动的值将反映新的输入向量与正常塔架振动模型之间的偏差。可以使用残差的大小和特征来识别诸如风力机风轮等部件可能出现的初始故障。

7.4.1　塔架振动模型与 NSET 方法

接着上一节，用 NSET 进行振动建模的关键步骤是，选择相关变量来组成观测向量，并使用风力机正常（健康）运行时期获得的 SCADA 数据来构造存储矩阵。如图 7-1 和图 7-2 所示的历史数据，被用于验证塔架振动模型。从 3 月到 4 月的 SCADA 数据（但不包含用于验证的两组数据），被写入数据集 M，它被用来模拟塔架的振动。如前所述，塔架振动在不同的运行状态下具有不同的影响变量。因此，数据集 M 被分为两个子集 M_1 和 M_2。M_1 包括从切入风速到额定风速之间的风速记录，而 M_2 中记录额定风速和切出风速之间的风速。M_1 和 M_2 分别用于构建额定值之上和额定值之下的运行模式的子模式。

7.4.1.1 风速低于额定值时的塔架振动模型（子模型 A）

根据 7.3.1 节的分析，低于额定值时的观测向量由对塔架振动影响最大的变量组成，包括塔架振动本身。在 NSET 模型中，在观测向量中包含所需的模型输出参数，例如塔架振动本身，如表 7-2 所示，这些是完全可以接受的。

对于子集 M_1 中的每条记录，选择表 7-2 中的变量组成历史观测向量。M_1 中的历史观测向量的总数为 5369。NSET 建模的第二个关键步骤是从可用向量中选择具有代表性的历史观测向量 d_1（通常大约数百个），以形成存储矩阵 D_1。参考文献 [12] 介绍了一种系统的存储矩阵构造方法。

表 7-2　低于额定风速时的观测向量

工作条件	观测向量中的变量
低于额定值 （MPPT 情况）	风速、转矩、功率、传动系统振动、塔架振动

7.4.1.2 风速高于额定值时的塔架振动模型（子模型 B）

接着 7.3.2 节中的分析，高于额定值时的观测向量包括的变量见表 7-3。

表 7-3　高于额定风速时的观测向量

工作条件	观测向量中的变量
高于额定值 （输出水平情况）	风速、叶片角度、功率、传动系统振动、塔架振动

在 M_2 中可以获得超过额定风速的 1047 个历史观测向量。利用与前面相同的使用过的构造方法，选择 d_2 个历史观测向量来形成存储矩阵 D_2。

在构造了存储矩阵 D_1 和 D_2 后，可以使用两个子模型中的任何一个来为新的输入观测向量提供预测。在本节中，由于我们只对塔架振动的预测感兴趣，所以利用式 (7-14) 给出预测结果。图 7-3 显示了这两个子模型是如何共同工作来预测塔架振动的。

7.4.2　NSET 塔架振动模型的验证

使用如参考文献 [12] 中所述的存储构造方法，存储矩阵 D_1 是由 432 个向量形成，而矩阵 D_2 由 261 个向量形成。

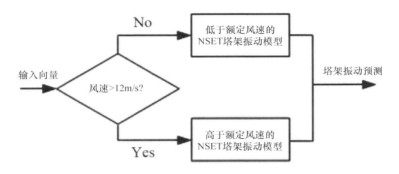

图 7-3　塔架振动的 NEST 模型和预测

7.4.2.1　验证实例 1

图 7-1 中显示的 600 条记录用于验证塔架振动模型。在此期间，风速低于额定值，只有子模型 A 才能预测塔架振动。应当注意，当风力机停止时，塔架振动模型不能运行，并且预测值是零。验证结果如图 7-4 所示。应注意在此图中，桨距角以自然单位（度）来表示，而不是其他参数在 0 ~ 1 之间的换算值，因为这样便于解释。

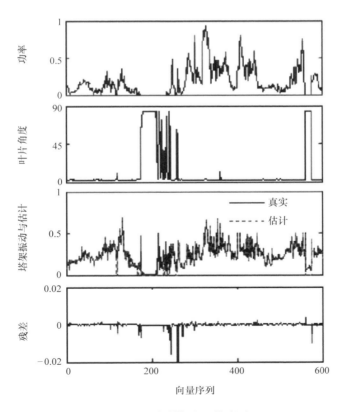

图 7-4　对子模型 A 的验证

从图 7-4 中，我们可以看出，当风力机停机或起动时，叶片角度会倾斜至 90°或 2°的设置上（例如点 175、243、260、562 和 575）。因为叶片倾斜得很快，相应的，叶片上的气动负载变化也非常巨大，其结果是导致非常大的振幅和 NSET 模型残差。在去掉上面这些点后，子模型 A 对塔架的振动会有很好的预测。

7.4.2.2 验证实例 2

图 7-2 中显示的 800 条记录用于验证塔架振动模型在额定风速上的运行。这段时间的记录涵盖了风速高于和低于额定值时的情况。子模型 A 和 B 一起工作，根据图 7-3 的逻辑给出了塔架振动的预测。验证结果如图 7-5 所示。在消除了由于风力机停机和起动（如点 427、674 和 688）所形成的孤立的大残差后，这两个子模型的组合表现出了令人满意的建模精度。

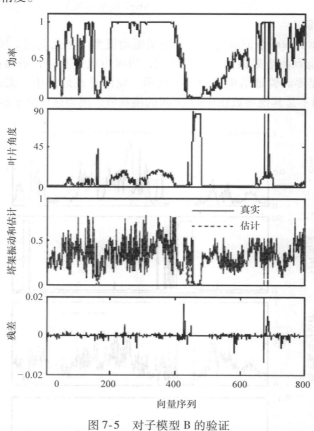

图 7-5 对子模型 B 的验证

7.5 塔架振动模型用于风轮状态的监测

7.3 节中的分析表明，风轮气动特性对塔架的振动有着显著的影响。预计风轮的初期故障可能导致风轮空气动力学的异常，并且可以通过对塔架振动的密切监视和分析来检测这些变化。塔架振动模型获得了在正常健康运行状态下，塔架振动和风力机关键参数的基本方面。当风轮出现初始故障这样的变化时，观测向量中的这些变量间的正常关系将会从塔架振动模型上偏离。结果是，塔架振动模型将不再给出准确的预测；NSET模型预测与测量值之间的残差将变得不可忽视。标准假设检验[13]，可用于确定这些差异是否具有静态显著性。

叶片角度不对称是一种常见的风轮故障，它可导致不可接受的疲劳损伤。当这种故障发生时，三个叶片的叶片角度彼此不同，从而导致了气动力负载的不对称。如果风力机长期以这种方式运行，不必要的不对称负载会对传动系统乃至支撑结构造成严重损坏。叶片角度的不对称问题可使用 7.4 节开发的塔架振动模型来检测。

7.5.1　叶片角度的不对称检测

这里所研究的风力机，在 2006 年 1 月 1 日 10 时 51 分由于叶片角度过大，发生了紧急停机。这次停机的信息由 SCADA 记录，见表 7-4。

表 7-4　故障数据

风力机 ID	日期	时间	故障代码	故障描述
15401801	01/04/2006	10:51:57	144	叶片角度不对称
15401801	01/04/2006	10:51:57	184	停机

我们选择了这次故障附件的 400 条记录，将其作为 7.4 节中构建的塔架振动模型的输入向量（在停机前，开始于数据点 361）。塔架振动残差的变化趋势和其他相关变量的变化趋势如图 7-6 所示。上面提到的故障发生在数据点 361 处，并且叶片角度作为紧急停机处理过程的一部分，其角度变化到 90°。在塔架和传动系统变化的趋势中，这两者的差别在点 275 之前是最小的。但在点 275 之后塔架振动比以前高得多，两者之间的差距急剧增加。这些变量间关系的异常变化被塔架振动模型及时地检测到，并且在这个点后残差在统计上发生变化。通过设置适当的报警阈值或使用参考文献［12］中的移动窗口方法，类似于叶片角度不对称这样的风轮故障，可在风力机严重损坏前被稳定地检测出。如何设置故障检测的阈值并不是本节的目标，读者可以通过参考文献［12，13］了解更多有关确定阈值的细节。使用移动窗口方法，点 279 处检测到的叶片角度不对称，它远早于风力机发生停机的点 316 处。

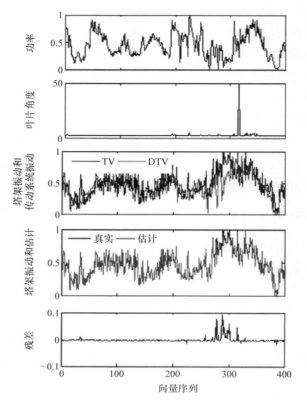

图 7-6 叶片角度不对称变化趋势

7.6 讨论与总结

本章在高于额定风速和低于额定风速的情况下，对风力机塔架的振动特性进行了描述。在正常运行条件下，NSET 方法被用于模拟塔架振动对最具影响的参数的依赖性。衍生出的塔架振动模型已被用于检测一种特定类型的风轮故障：叶片的不对称性。可以得出以下结论：

1）对于风力机状态的监测，单独的分析振动信号可能会对我们产生误导。因为风对风力机的强烈影响以及不同风力机部件和振动模式之间的耦合，使得在振动分析中就必须考虑其他相关的因素，这样就能给出更精确的表示，以便能将其用于状态监测和诊断。例如，在分析风力机的风轮时，考虑风速和旋转速度是至关重要的。

2）所呈现的结果已经证明，对塔架的分析必须在风轮的特定情况和不同的运行状况下进行。由于作用在风轮上的气动力对叶片的角度非常敏感，所以叶片角度的不对称将导致叶片上推力的显著差异。风轮上的不平衡推力会通过塔架的支撑结构引起塔架的振动偏离正常工作时的运行状态。因此，在对塔架监测的同时也提供了一种方法，这种方法可以检测诸如由于叶片桨距调节或叶片桨距控制故障导致的风轮气动性不对称。NSET 已被证明是模拟塔架和风轮动力特性间关系的有效技术。NSET 塔架振动模型（TVM）可以准确地表示风轮负载和塔架振动间的关系，从而及时发现风轮的初期故障（此时叶片是不对称的）。固然在这项研究中只举出一个成功进行故障识别的例子，而这并不能证明所有这样的故障能以及时且有效的方法识别出来。我们需要访问更大的数据集才能提供一个静态的、有重要意义的故障检测样本。这项工作正在进行中。尽管如此，这里介绍的方法论是以风力机的工程知识及其运行方式为基础的。这种方法与成功的故障识别相结合可以得出这样的结论：这种技术是有前景的，并且值得进一步发展。还值得注意的是，叶片桨距不对称性不是唯一可以产生偏轴气动力负载的途径，这可以被看作是不正常的，相反的，风切变是可以预料的。其他可能造成不正常的偏轴负载的情况包括偏航控制不良、单个叶片损坏和叶片结冰。所有这些故障都应使用这里介绍的方法来检测，并且它们将会成为未来研究的主题。

参 考 文 献

1. Hameed, Z.; Hong, Y.S.; Cho, Y.M.; Ahn, S.H.; Song, C.K. Condition monitoring and fault detection of wind turbines and related algorithms: A review. Renew. Sustain. Energy Rev. 2009, 1, 1–39.

2. García Márquez, F.P.; Tobias, A.M.; Pinar Pérez, J.M.; Papaelias, M. Condition monitoring of wind turbines: Techniques and methods. Renew. Energy 2012, 46, 169–178.

3. Zhang, Z.; Verma, A.; Kusiak, A. Fault analysis and fault condition monitoring of the wind turbine gearbox. IEEE Trans. Energy Convers. 2012, 2, 526–535.

4. Caselitz, P.; Giebhardt, J. Rotor condition monitoring for improved operational safety of offshore wind energy converters. J. Solar Energy Eng. 2005, 5, 253–261.

5. Feng, Y.; Qiu, Y.; Crabtree, C.J.; Long, H.; Tavner, P.J. Monitoring wind turbine gearboxes. Wind Energy 2012, in press, doi:10.1002/we.1521.

6. Kusiak, A.; Li, W. The prediction and diagnosis of wind turbine fault. Renew. Energy 2011, 36, 16–23.

7. Zaher, A.; McArther, S.D.J.; Infield, D.G.; Patel, Y. Online wind turbine fault detection through automated SCADA data analysis. Wind Energy 2009, 6, 574–593.

8. Gross, K.C.; Singer, R.M.; Wegerich, S.W.; Herzog, J.P. Application of a model-based fault detection system to nuclear plant signals. In Proceedings of 9th International Conference on Intelligent Systems Application to Power System, Seoul, Korea, 6–10 July 1997; pp. 212–218.

9. Bockhorst, F.K.; Gross, K.C.; Herzog, J.P.; Wegerich, S.W. MSET modeling of Crystal River-3 venturi flow meters. In Proceedings of International Conference on Nuclear Engineering, San Diego, CA, USA, 10–15 May 1998; pp. 425–429.

10. Cheng, S.F.; Pecht, M. Multivariate state estimation technique for remaining useful life prediction of electronic products. In Proceedings of AAAI Fall Symposium on Artificial Intelligence for Prognostics, Arlington, VA, USA, 9–11 November 2007; pp. 26–32.

11. Cassidy, K.J.; Gross, K.C.; Malekpour, A. Advanced pattern recognition for detec-

tion of complex software aging phenomena in online transaction processing servers. In Proceedings of International Conference on Dependable Systems and Networks (DSN) 2002, Washington, DC, USA, 23–26 June 2002; pp. 478–482.

12. Guo, P.; Infield, D.; Yang, Y. Wind turbine generator condition monitoring using temperature trend analysis. IEEE Trans. Sustain. Energy 2012, 1, 124–133.

13. Wang, Y.; Infield, D. SCADA data based nonlinear state estimation technique for wind turbine gearbox condition monitoring. In Proceedings of European Wind Energy Association Conference 2012, Copenhagen, Denmark, 16–19 April 2012; pp. 621–629.

第4部分

控制系统

第8章

两种基于 LQRI 的风力机叶片变桨距控制

Sungsu Park，Yoonsu Nam

8.1 简介

　　风力机控制的主要目标是使风能的转化更加经济有效。这个目标通常在两个不同的区域下实现，即低于额定风速和高于额定风速的区域。在低于额定风速的区域，发电机转矩控制主要用于控制风轮转速来追踪最大功率系数，以便能够最大获得能量。在上述的额定风速区域内，叶片的变桨距控制主要是用于调节风轮的转速，以便能在其设计极限下调节气动力功率[1]。随着风力机尺寸的不断增大，结构负载的降低成为风力机控制中的一项非常重要的任务。因为结构负载会降低风力机的可靠性和寿命，同时也有可能引起功率波动。特别是叶片负载的减小受到了格外关注。当风通过转动中的风轮时，风速发生了变化，这是由风轮叶片的巨大尺寸、风切变和塔架的屏蔽效应所引起的。这种变化会在结构负载上引起周期性的振荡。同时在上述额定风速区域，结构负载是非常重要的，这是因为强风会引起结构负载的大幅增加。因此，有时会考虑独立变桨距控制，这是因为通常的统一变桨距控制不能补偿叶片上的周期性负载。

　　有很多研究人员已经研究出了独立变桨距控制。在参考文献［2－18］中展示了它们的优点。然而，独立变桨距控制只能降低叶片弯矩大小变化的波动，而不能降低其稳态值。统一变桨距控制可以减小弯矩变化的幅度，但这与风轮转速调节的控制目标相冲突。一种现代的多输入多输出（MIMO）控制架构可以明确地被用来考虑控制目标。这个控制目标是，在减小叶片负载的同时调节风轮的转速。同时可以设计所谓的集中变桨距控制。这里的统一和独立变桨距命令都是从相同的控制器中产生的[2-4]。集中变桨距控制的优点包括，它可以处理多个控制目标。尽管从控制的观点来看，集中变桨距控制是合理的，但单独的统一变桨距控制和独立变桨距控制系统对风力机行业的大多数来说仍然是更好的选择，因为独立变桨距控制器被认为是作为开关机构的辅助控制器来工作的。

　　在本章中，我们提出了一套单独的统一和独立变桨距控制算法。这两种变桨距控制算法都使用了具有积分作用的 LQR⊖ 控制技术（LQRI），并且利用卡尔曼滤波器估计系

⊖　LQR 为线性二次型调节器的英文 Linear Quadratic Regular 的缩写。——译者注

统状态以及风速[5-8,19]。与以前的工作相比，我们的统一变桨控制器可以控制风轮的转速，并且能控制叶片弯矩集合，即稳态值，这样就能改善风轮调速和负荷减小间的平衡，而独立变桨距控制器可减小叶片上的波动负载。独立变桨距控制器被单独设计成环绕系统的附加回路，并且它可以被添加到统一变桨距控制器上。通过这样的方法，我们同时利用了中央变桨距控制和一套单独的统一及独立变桨距控制系统的优点。当使用与以前工作相同的叶片振动时刻去测量时，我们的算法可以补偿风扰动的影响，并能明显地减小叶片负载。

在下一节中，将风力机的动力学特性建模为一个时变系统，并分别将其转化为两个时不变系统，以用于统一变桨距控制和独立变桨距控制器的设计。在 8.3 节中，基于卡尔曼滤波器的 LQRI 和状态估计，开发了统一变桨距控制和独立变桨距控制算法。在8.4 节中利用计算机仿真对此控制算法的性能进行了评估，而结论在随后的 8.5 节中得出。

8.2　风力机模型

风力机是一种高度非线性化的系统，难以建模。为了充分探索风力机系统的特性，建立包含了几个自由度的复杂数学模型是有必要的。在本章中所考虑的风力机是一个商用 2MW、3 叶片水平轴系统。为了模拟这台风力机，使用了 GH Blade 商业软件[20]。风轮叶片在挥舞方向采用六模态频率建模，在摆振方向采用五模态建模。塔架移动分别采用前后方向和两侧方向两种建模方式。连接风轮轴的灵活性是通过等效的弹簧常数和阻尼来建模的。变桨执行器和发电机转矩动力特性分别用二阶和一阶系统来建模。这种高保真度模型被用于设计控制器时的仿真。

对于变桨距控制器的设计，需要一种简单的风力机模型。它应能充分地描述风力机的动力学特性。在本章中，当塔架是通过前后运动模式和侧向运动模式建模时，这种简单的风力机模型则利用了刚性的风轮叶片和传动系统[3,9,10]。考虑如图 8-1a 所示叶片的坐标系。在这里 x 轴指向主轴的方向，z 轴指向叶尖。x、y、z 轴构成右手直角坐标系，这个坐标系的原点在叶根。同时也考虑如图 8-1b 所示的固定轮毂坐标系，其中 x 轴指向主轴的方向，z 轴指向上方，坐标系的原点位于轮毂中心。

那么，轮毂上的矩可以用叶根矩表示如下：

$$M_x = \sum_{i=1}^{3} M_{x,i}^{b}$$

$$M_y = \sum_{i=1}^{3} \cos \Psi_i M_{y,i}^{b}$$

$$M_z = \sum_{i=1}^{3} \sin \Psi_i M_{y,i}^{b} \tag{8-1}$$

式中，Ψ_i 是叶片的方位角，当第 i 个叶片处于上方时，规定为这个角为 0°。$M_{x,i}^{b}$ 是在 x 轴上第 i 个叶片叶根矩的气动分量，而 $M_{y,i}^{b}$ 是第 i 个叶片叶根矩在叶片坐标系 y 轴上的度量。它们可由下式给出：

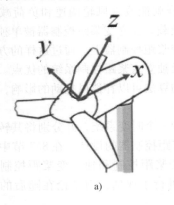

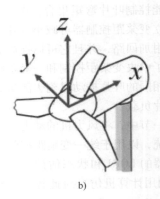

图 8-1　a) 叶片坐标系；b) 固定轮毂坐标系[21]

$$M_{x,i}^{b} = C_{M_x}(v_i, \Omega_r, \beta_i) \frac{1}{2} \rho \pi R_b^2 v_i^2$$

$$M_{y,i}^{b} = C_{M_y}(v_i, \Omega_r, \beta_i) \frac{1}{2} \rho \pi R_b^2 v_i^2 \qquad (8\text{-}2)$$

式中，C_{M_x} 和 C_{M_y} 是矩系数；Ω_r 是风轮转速；β_i 是第 i 个叶片的桨距角；ρ 是空气密度；R_b 是风轮半径；v_i 为第 i 个叶片的相对风速，它是叶片有效风速 $v_{0,i}$ 和塔架前后移动的和，它可由下式表示[9]：

$$v_i = v_{0,i} - \dot{x}_{fa} + \frac{3}{2H} \frac{3 \dot{R}_b}{4} \dot{x}_{fa} \cos \Psi_i \qquad (8\text{-}3)$$

式中，H 是塔架高度，x_{fa} 是塔架前后平移。

类似的，轮毂上的力可由下式给出：

$$F_x = \sum_{i=1}^{3} F_{x,i}^{b}$$

$$F_y = \sum_{i=1}^{3} \cos \Psi_i F_{y,i}^{b} \qquad (8\text{-}4)$$

式中，$F_{x,i}^{b}$ 和 $F_{y,i}^{b}$ 分别是第 i 个叶片的力在叶片坐标系的 x 轴上和 y 轴上的气动力分量。它们也可表示为下面这种形式：

$$F_{x,i}^{b} = C_{F_x}(v_i, \Omega_r, \beta_i) \frac{1}{2} \rho \pi R_b^2 v_i^2$$

$$F_{y,i}^{b} = C_{F_y}(v_i, \Omega_r, \beta_i) \frac{1}{2} \rho \pi R_b^2 v_i^2 \qquad (8\text{-}5)$$

式中，C_{F_x} 和 C_{F_y} 是力的系数。

因为风力机的模型是高度非线性的，所以对于控制设计，必须在相同的操作点上对其进行线性化。在轮毂上的矩可被线性化为如下形式：

$$\delta M_x = \sum_{i=1}^{3} \left(\frac{\delta M_x^b}{\delta v} \delta v_{0,i} + \frac{\delta M_x^b}{\delta \beta} \delta \beta_i \right) + 3 \frac{\delta M_x^b}{\delta \Omega_r} \delta \Omega_r - 3 \frac{\delta M_x^b}{\delta v} \dot{x}_{fa}$$

$$\delta M_y = \sum_{i=1}^{3} \cos \Psi_i \left(\frac{\delta M_y^b}{\delta v} \delta v_{0,i} + \frac{\delta M_y^b}{\delta \beta} \delta \beta_i \right) - \frac{\delta M_y^b}{\delta v} \frac{27 R_b}{16H} \dot{x}_{fa}$$

$$\delta M_z = \sum_{i=1}^{3} \sin \Psi_i \left(\frac{\delta M_y^b}{\delta v} \delta v_{0,i} + \frac{\delta M_y^b}{\delta \beta} \delta \beta_i \right) \tag{8-6}$$

式中，δ 表示来自于平衡值下的差。轮毂上的力则可被线性化为下面的形式：

$$\delta F_x = \sum_{i=1}^{3} \left(\frac{\delta F_x^b}{\delta v} \delta v_{0,i} + \frac{\delta F_x^b}{\delta \beta} \delta \beta_i \right) + 3 \frac{\delta F_x^b}{\delta \Omega_r} \delta \Omega_r - 3 \frac{\delta F_x^b}{\delta v} \dot{x}_{fa}$$

$$\delta F_y = \sum_{i=1}^{3} \cos \Psi_i \left(\frac{\delta F_y^b}{\delta v} \delta v_{0,i} + \frac{\delta F_y^b}{\delta \beta} \delta \beta_i \right) - \frac{\delta F_y^b}{\delta v} \frac{27 R_b}{16H} \dot{x}_{fa} \tag{8-7}$$

假设传动链是刚性的，则线性化的风轮角加速度由下式描述：

$$J_e \delta \dot{\Omega}_r = \delta M_x - N_g \delta T_g \tag{8-8}$$

式中，J_e 是风轮、发电机和传动装置的有效惯性矩；N_g 是齿轮比；δT_g 是扰动的发电机转矩。塔架移动通过一种前后运动模式和侧向运动模式来近似，如下所示：

$$M_t \ddot{x}_{fa} + d_t \dot{x}_{fa} + K_t x_{fa} = \delta F_x + \frac{3}{2H} \delta M_y$$

$$M_t \ddot{y}_{ss} + D_t \dot{y}_{ss} + K_t y_{ss} = \delta F_y + \frac{3N_g}{2H} \delta T_g \tag{8-9}$$

式中，M_t、D_t、K_t 分别是塔架模型的质量、阻尼和刚度；y_{ss} 是塔架的侧向平移。假设塔架与承受弯曲力负载的棱柱梁近似，则乘数 $3/(2H)$ 是塔架顶部位移和旋转之比[9]。

式（8-6）~式（8-9）描述了风力机的动力学方程，并且显示了即使在恒风的情况下，风力机具有时变的动力学特性。为了使控制设计问题不随时间变化，采用了科尔曼变换将时变风力机模型转化为线性时不变模型。科尔曼变换和它的逆变换定义如下[22]：

$$P = \begin{bmatrix} 1 & \cos \Psi_1 & \sin \Psi_1 \\ 1 & \cos \Psi_2 & \sin \Psi_2 \\ 1 & \cos \Psi_3 & \sin \Psi_3 \end{bmatrix}$$

$$P^{-1} = \begin{bmatrix} 1/3 & 1/3 & 1/3 \\ (2/3)\cos \Psi_1 & (2/3)\cos \Psi_2 & (2/3)\cos \Psi_3 \\ (2/3)\sin \Psi_1 & (2/3)\sin \Psi_2 & (2/3)\sin \Psi_3 \end{bmatrix} \tag{8-10}$$

式中，$\Psi_2 = \Psi_1 + 2\pi/3$，$\Psi_3 = \Psi_1 + 4\pi/3$。

将式（8-6）和式（8-7）中的扰动风速、桨距角和叶片力矩转换成科尔曼框架中的变量，就产生了以下公式：

$$\delta M_x = 3 \frac{\delta M_x^b}{\delta v} (\delta v_{0_c} - \dot{x}_{fa}) + 3 \frac{\delta M_x^b}{\delta \beta} \delta \beta_c + 3 \frac{\delta M_x^b}{\delta \Omega_r} \delta \Omega_r$$

$$\delta M_0 = \frac{\delta M_y^b}{\delta v} (\delta v_{0_c} - \dot{x}_{fa}) + 3 \frac{\delta M_y^b}{\delta \beta} \delta \beta_c + \frac{\delta M_y^b}{\delta \Omega_r} \delta \Omega_r$$

$$\delta M_d = \frac{\delta M_y^b}{\delta v}\delta v_{0_d} + \frac{\delta M_y^b}{\delta \beta}\delta \beta_d - 3\frac{\delta M_y^b}{\delta v}\frac{9R_b}{8H}\dot{x}_{fa}$$

$$\delta M_q = \frac{\delta M_y^b}{\delta v}\delta v_{0_q} + \frac{\delta M_y^b}{\delta \beta}\delta \beta_q \tag{8-11}$$

和力的方程：

$$\delta F_x = 3\frac{\delta F_x^b}{\delta v}(\delta v_{0_c} - \dot{x}_{fa}) + 3\frac{\delta F_x^b}{\delta \Omega_r}\delta \Omega_r + 3\frac{\delta F_x^b}{\delta \beta}\delta \beta_c$$

$$\delta F_y = \frac{3}{2}\frac{\delta F_y^b}{\delta v}\delta v_{0_d} + \frac{3}{2}\frac{\delta F_y^b}{\delta \beta}\delta \beta_d + \frac{\delta F_y^b}{\delta v}\frac{27R_b}{16H}\dot{x}_{fa} \tag{8-12}$$

式中，δv_{0_c} 和 $\delta \beta_c$ 分别是扰动集合风速和桨距角，δv_{0_d} 和 δv_{0_q} 是振动风速，$\delta \beta_d$ 和 $\delta \beta_q$ 是扰动桨距角，δM_d 和 δM_q 是在科尔曼框架下的扰动力矩，它们可定义如下：

$$\begin{bmatrix} \delta v_{0_c} \\ \delta v_{0_d} \\ \delta v_{0_q} \end{bmatrix} = P^{-1}\begin{bmatrix} \delta v_{0_1} \\ \delta v_{0_2} \\ \delta v_{0_3} \end{bmatrix}, \begin{bmatrix} \delta \beta_c \\ \delta \beta_d \\ \delta \beta_q \end{bmatrix} = P^{-1}\begin{bmatrix} \delta \beta_1 \\ \delta \beta_2 \\ \delta \beta_3 \end{bmatrix}, \begin{bmatrix} \delta M_0 \\ \delta M_d \\ \delta M_q \end{bmatrix} = P^{-1}\begin{bmatrix} \delta M_{y,1}^b \\ \delta M_{y,2}^b \\ \delta M_{y,3}^b \end{bmatrix} \tag{8-13}$$

　　每个叶片上的有效风速会因风切变、湍流和塔架屏蔽的影响，而发生变化。这导致了随风轮的旋转而在叶片上产生周期性的叶片负载（所谓的1p、2p等负载）。通过式（8-13），1p叶片负载转换为科尔曼框架下的恒定负载，并且可以通过减小科尔曼框架下负载的恒定值来减小1p叶片负载。从式（8-11）中可以看出，这些值主要可以通过 $\delta \beta_d$ 和 $\delta \beta_q$ 来控制，并且它们几乎与统一变桨距控制相分离。而风轮转速和集合叶片力矩主要可通过 $\delta \beta_c$ 来控制。这意味着统一和独立变桨距控制可通过它们自己的控制目标单独进行设计。

8.3　变桨距控制设计

　　时不变风力机动态方程式（8-8）、式（8-9）、式（8-11）、式（8-12）可写成如下的状态空间形式：

$$\dot{x} = Ax + Bu + Gd$$
$$z = Cx + Du + Fd \tag{8-14}$$

式中，

$$x = \begin{bmatrix} \delta \Omega_r & x_{fa}\dot{x}_{fa} & y_{ss}\dot{y}_{ss} \end{bmatrix}^T, u = \begin{bmatrix} \delta \beta_c & \delta \beta_d & \delta \beta_q & \delta T_g \end{bmatrix}^T$$

$$d = \begin{bmatrix} \delta v_{0_c} & \delta v_{0_d} & \delta v_{0_q} \end{bmatrix}^T, z = \begin{bmatrix} \delta \Omega_r & \delta M_0 & \delta M_d & \delta M_q \end{bmatrix}^T$$

　　本章中的控制器由三个独立的控制回路组成：发电机转矩控制、统一变桨距控制和独立变桨距控制。发电机转矩控制在上述额定风速下保持恒定，并包含传动系统阻尼器以抑制传动系统的扭振。传统的基于PI的统一变桨距控制的设计也被用于比较，其中包括一些低通滤波器和陷波滤波器。然而，传统的统一变桨距控制器的设计不在本章讨论的范围内。在本章中设计了统一和独立变桨距控制器。

正如本章前几节所述，以及式（8-8）和式（8-11）所表示的，集合风速和桨距角主要影响风轮速度和集合叶片力矩，而 d 轴、q 轴风速和桨距角主要影响 d 轴和 q 轴叶片力矩。因此，式（8-14）可以分解为两组方程。假设式（8-14）中的所有 d 轴和 q 轴变量均是 0，在此基础上建立一公式，如下所示：

$$\dot{x} = Ax + B_1 u_1 + G_1 d_1$$
$$z_1 = C_1 x + D_1 u_1 + F_1 d_1 \tag{8-15}$$

式中，

$$u_1 = \delta\beta_c , d_1 = \delta v_{0_c} , z_1 = \begin{bmatrix} \delta\Omega_r & \delta M_0 \end{bmatrix}^{\mathrm{T}}$$

其他的公式建立在所有集合变量是 0 的假设上，由下式给出：

$$\dot{x} = Ax + B_2 u_2 + G_2 d_2$$
$$z_2 = C_2 x + D_2 u_2 + F_2 d_2 \tag{8-16}$$

式中，

$$u_2 = \begin{bmatrix} \delta\beta_c & \delta\beta_q \end{bmatrix}^{\mathrm{T}} , d_2 = \begin{bmatrix} \delta v_{0_d} & \delta v_{0_q} \end{bmatrix}^{\mathrm{T}} , z_2 = \begin{bmatrix} \delta M_d & \delta M_q \end{bmatrix}^{\mathrm{T}}$$

从式（8-14）~式（8-16）中我们可以看到，系统状态变量 x 显然不能直接用作度量控制反馈，因为在式（8-15）和式（8-16）中的状态变量与式（8-14）中的是不同的。式（8-15）中的状态变量仅受集合风速和桨距角的影响，式（8-16）中的这些变量分别受 d 轴和 q 轴的风速以及桨距角的影响，而式（8-14）中的变量受所有这些因素的影响。所以，我们并不测量状态变量。以式（8-15）的情况来说，我们应该通过测量风轮转速 $\delta\Omega_r$ 和矩 δM_0 来估计这些变量，而以式（8-16）的情况来说，则是通过测量矩 δM_d 和 δM_q 来估计的。

8.3.1　统一变桨距控制

统一变桨距控制是基于动态方程式（8-15）来设计的，其中输入是集合桨距角 $\delta\beta_c$ 和集合风速 δv_0，而测量的输出是风轮转速 $\delta\Omega_r$ 和矩 δM_0。集合风速在这里被估计，并被变桨距控制器所使用。式（8-15）中的风速 d_1 可被模拟为一个未知常量，这个常量中加入了功率谱密度 W_1 的白噪声，如下所示：

$$\dot{d}_1 = w_1 , w_1 \sim (0, W_1) \tag{8-17}$$

现在，卡尔曼滤波器被设计为用于估计系统状态和风速，它是基于以下具有风速的增广系统：

$$\begin{bmatrix} \dot{x} \\ \dot{d}_1 \end{bmatrix} = \begin{bmatrix} A & G_1 \\ 0 & 0 \end{bmatrix} \begin{bmatrix} x \\ d_1 \end{bmatrix} + \begin{bmatrix} B_1 \\ 0 \end{bmatrix} u_1 + \begin{bmatrix} 0 \\ 1 \end{bmatrix} w_1$$

$$z_1 = \begin{bmatrix} C_1 & F_1 \end{bmatrix} \begin{bmatrix} x \\ d_1 \end{bmatrix} + D_1 u_1 + v_1 \tag{8-18}$$

式中，v_1 是噪声测量，它具有功率谱密度 V_1。

在状态估计的基础上，设计了 LQR 控制器，这使得风轮转速最小和叶片力矩的时域性能标准被直接纳入了设计中。由于标准的 LQR 只提供了比例增益，为了能消除阶跃风干扰的静态误差，式（8-15）增加了风轮转速的积分。令 $\delta\Omega_{\mathrm{I}}$ 为风轮转速 $\delta\Omega_r$ 的积分，增广系统变为

$$\begin{bmatrix} \dot{x} \\ \delta\Omega_I \end{bmatrix} = \begin{bmatrix} A & 0 \\ C_0 & 0 \end{bmatrix} \begin{bmatrix} x \\ \delta\Omega_I \end{bmatrix} + \begin{bmatrix} B_1 \\ 0 \end{bmatrix} u_1$$

$$y_1 = \begin{bmatrix} C_1 & 0 \\ 0 & 1 \end{bmatrix} \begin{bmatrix} x \\ \delta\Omega_I \end{bmatrix} + \begin{bmatrix} D_1 \\ 0 \end{bmatrix} u_1 \tag{8-19}$$

式中，$C_0 = \begin{bmatrix} 1 & 0 & 0 & 0 & 0 \end{bmatrix}$，$y_1$ 是性能输出。基于 LQRI 的统一变桨距控制被确定，这使得其成本函数最小化：

$$J = \int_0^\infty (y_1^{\mathrm{T}} Q_1 y_1 + u_1^{\mathrm{T}} R_1 u_1)\,\mathrm{d}t \tag{8-20}$$

式中，风轮转速调节和叶片负载减小间的权衡可以利用加权矩阵 Q_1 来确定。

统一变桨距控制指令直接按下面的方式来计算的：

$$\delta\beta_c^{\mathrm{cmd}} = K_{\mathrm{Xcol}} \hat{x} + K_{\mathrm{Icol}} \int_0^\infty \delta\Omega_r \mathrm{d}t \tag{8-21}$$

式中，$\hat{x}$ 是来自于卡尔曼滤波器的状态估计。

8.3.2 独立变桨距控制器

独立变桨距控制器是在动态方程式（8-16）的基础上设计的，这里的输入是 d 轴和 q 轴的桨距角 $\delta\beta_d$、$\delta\beta_q$，以及风速 δv_{0_d}、δv_{0_q}，测量的输出是 d 轴和 q 轴叶片力矩 δM_d、δM_q。

因为风速的 1p 变化，在科尔曼框架中转化为一个常数，在式（8-16）中风速 d_2 可以被模拟为一个未知常量，它加入了功率谱密度为 W_2 的白噪声，如下所示：

$$\dot{d}_2 = w_2, w_2 \sim (0, W_2) \tag{8-22}$$

卡尔曼滤波器是基于如下具有风速的增广系统来设计的：

$$\begin{bmatrix} \dot{x} \\ \dot{d}_2 \end{bmatrix} = \begin{bmatrix} A & G_2 \\ 0 & 0 \end{bmatrix} \begin{bmatrix} x \\ d_2 \end{bmatrix} + \begin{bmatrix} B_2 \\ 0 \end{bmatrix} u_1 + \begin{bmatrix} 0 \\ I_2 \end{bmatrix} w_2 \tag{8-23}$$

$$z_2 = \begin{bmatrix} C_2 & F_2 \end{bmatrix} \begin{bmatrix} x \\ d_2 \end{bmatrix} + D_2 u_2 + v_2$$

式中，I_2 表示单位矩阵，v_2 是具有 V_2 功率密度谱的测量噪声。

可以利用正反馈补偿来抑制由风扰动引起的负载。由于卡尔曼滤波器提供风速的估计，所以假设在式（8-16）中风和桨距角主导叶片力矩的情况下，我们可以设计一个正反馈控制器，如下所示：

$$u_{2\_\mathrm{ff}} = -D_2^{-1} D_2 \hat{d}_2 \tag{8-24}$$

式中，$\hat{d}_2$ 是风速的估计。

此外，由于标准的 LQR 只提供比例增益，为了消除阶跃风干扰的静态误差，式（8-16）增加了叶片力矩的积分。令 z_1 是叶片矩 z_2 的积分，那么增广系统变为

$$\begin{bmatrix} \dot{x} \\ \dot{z}_1 \end{bmatrix} = \begin{bmatrix} A & 0 \\ C_2 & 0 \end{bmatrix} \begin{bmatrix} x \\ z_1 \end{bmatrix} + \begin{bmatrix} B_2 \\ D_2 \end{bmatrix} u_2$$

$$y_2 = \begin{bmatrix} C_2 & 0 \\ 0 & I_2 \end{bmatrix} \begin{bmatrix} x \\ z_1 \end{bmatrix} + \begin{bmatrix} D_2 \\ 0 \end{bmatrix} u_2 \tag{8-25}$$

式中，y_2 是性能输出。基于 LQRI 的独立变桨距控制被确定，这样就可使成本函数最小化：

$$J = \int_0^\infty (y_2^\mathrm{T} Q_2 y_2 + u_2^\mathrm{T} R_2 u_2)\, \mathrm{d}t \tag{8-26}$$

作为叶片力矩最小波动的时域性能指标被直接包含在加权矩阵 Q_2 和 R_2 中。

反馈控制法则可直接通过下式进行计算：

$$u_{2\_\mathrm{fb}} = K_{\mathrm{Xipc}} \hat{x} + K_{\mathrm{Iipc}} \int_0^t z_2\, \mathrm{d}t \tag{8-27}$$

式中，$\hat{x}$ 是通过卡尔曼滤波器得到的状态估计。独立变桨控制指令 $\delta\beta_d^{cmd}$ 和 $\delta\beta_q^{cmd}$ 在科尔曼框架中的计算是通过将反馈控制式（8-27）和前馈控制式（8-24）相加得到的，并且这些控制指令通过科尔曼框架被转换为每个叶片变桨距指令，然后将其添加到统一变桨距指令中。对于每个叶片的整个变桨距控制指令可通过下式给出：

$$\delta\beta_1^{cmd} = \delta\beta_c^{cmd} + \delta\beta_d^{cmd}\cos\Psi_1 + \delta\beta_q^{cmd}\sin\Psi_1$$

$$\delta\beta_2^{cmd} = \delta\beta_c^{cmd} + \delta\beta_d^{cmd}\cos\Psi_2 + \delta\beta_q^{cmd}\sin\Psi_2 \tag{8-28}$$

$$\delta\beta_3^{cmd} = \delta\beta_c^{cmd} + \delta\beta_d^{cmd}\cos\Psi_3 + \delta\beta_q^{cmd}\sin\Psi_3$$

整个变桨控制的结构在图 8-2 中给出。

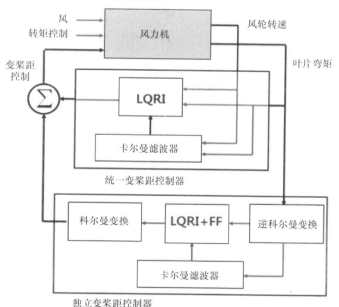

图 8-2　叶片变桨控制方案

8.4　仿真

在图8-3和图8-4中对用于变桨距控制器设计的简化线性模型进行验证。在这些图中，第一列显示了高逼真度的风轮转速频率响应，并且显示了对于三个科尔曼变换桨距角和风速的简化风力机模型。第二列和第三列分别是d轴和q轴叶片矩的频率响应。高逼真度的频率响应图和简化风力机模型显示了，简化的线性风力机模型对变桨距控制设计来说是一种合理的选择。

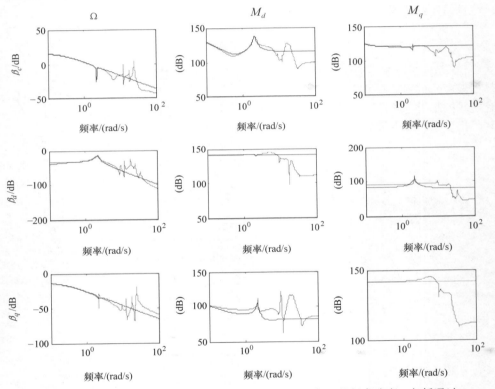

图8-3　对于高逼真度模型（红色）和简化模型（蓝色）的频率响应。包括通过科尔曼变换，将桨距角变换为风轮转速，d轴和q轴叶片矩的频率响应

我们进行了计算机仿真，以对提出的统一变桨距控制器和独立变桨距控制器的性能进行评估。在这里利用了8.2节中描述的高逼真度风力机模型进行仿真，传动阻尼器是预先设计和实施的。

在仿真中使用了两个风力条件。首先，考虑图8-5所示的具有正向阶跃变化的稳定风，并将风切变叠加在风场上。在图8-5中，也绘制了风速的估计值。尽管图8-5中的风速轮廓线是不切实际的，但它提供了有关风力机动态特性的非常清晰的视图。

对风轮转速调节和叶片负载减小之间进行了权衡，其结果如图8-6～图8-9所示。

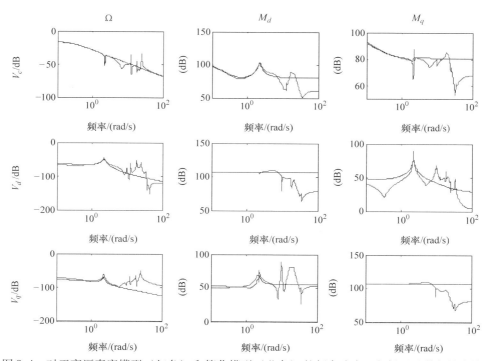

图 8-4　对于高逼真度模型（红色）和简化模型（蓝色）的频率响应。包括通过科尔曼变换，将风速变换为风轮转速，d 轴和 q 轴叶片矩的频率响应

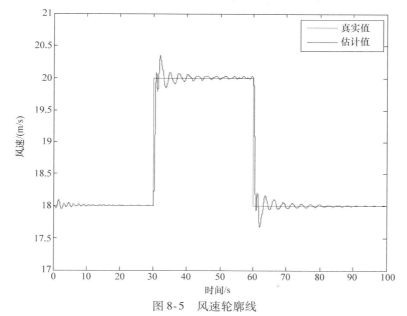

图 8-5　风速轮廓线

这种权衡是可能的，因为在成本函数中明确考虑了风轮转速和叶片负载的减小。这些图也显示了独立变桨距控制和单独的统一变桨控制间的性能比较。从图 8-6 和图 8-7 中，可以看到风轮转速的良好调节性能会导致叶片负载的明显超调量。换句话说，风轮转速得到了良好的调节，并对风速变化的影响进行了快速的补偿。但是当在风轮转速调节中加入更多的权重时，会产生较大的总体叶片弯矩超调量。然而，当对负载的减小加入更多的权重时，总体叶片弯矩响应会以很大的超调和对风轮转速的缓慢响应为代价。为了进行比较，图 8-6 和图 8-7 画出了传统基于 PI 统一变桨距控制的风轮转速响应和总体弯矩响应。尽管传统的统一变桨距控制很好地调节了风轮转速，但它产生了总体叶片弯矩的较大的超调。图 8-6 和图 8-7 还表明，独立变桨距控制不会显著影响风轮转速和弯矩响应，这就解释了统一变桨距控制和独立变桨距控制间的解耦。

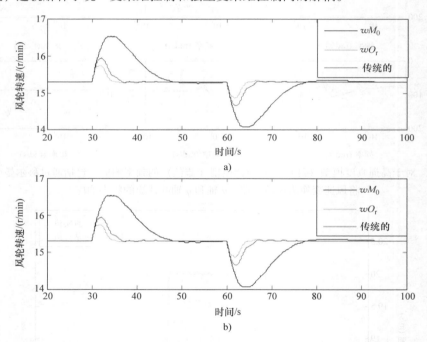

图 8-6　风轮转速响应（在叶片矩中加入更多权重（蓝），在风轮转速中加入更多权重（红），
基于 PI 的控制（黑））：a）没有 IPC；b）具有 IPC

图 8-8 显示了叶片弯矩的响应。与统一变桨距控制相比，独立变桨距控制器使叶片弯矩振动显著地减小了。

图 8-9 显示了用于统一变桨距和独立变桨距控制器相关的叶片变桨距控制命令，并且负载的减小也是变桨距动作增加的结果，这种变桨距动作在集合桨距角周围不断地变化以控制周期性叶片弯矩。

在图 8-10 中显示了更加逼真的湍流风条件（TI = 18%），在相同控制器情况下，它被用于第二次仿真，并且其仿真结果在图 8-11 ~ 图 8-13 中给出，在这些图中画出了叶

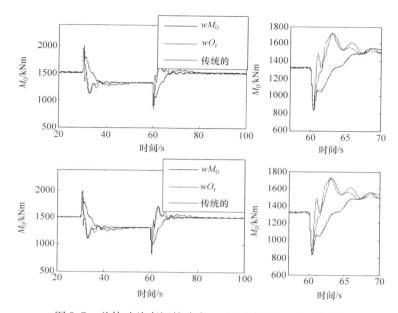

图 8-7　总体叶片弯矩的响应：a）没有 IPC；b）有 IPC

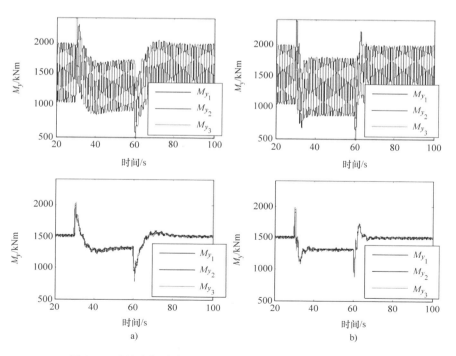

图 8-8　叶片弯矩响应（无 IPC（上图）和有 IPC（下图））：
a）在叶片弯矩中加入更多的权重；b）在风轮转速中加入更多的权重

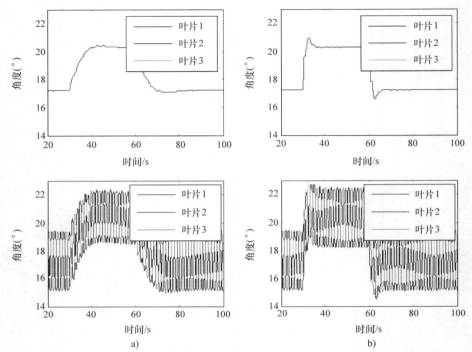

图 8-9　变桨距指令响应（无 IPC（上图）和有 IPC（下图））：a）在叶片弯矩中加入更多的权重；b）在风轮转速中加入更多的权重

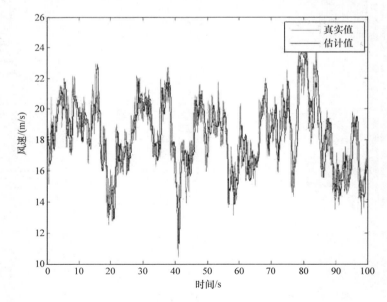

图 8-10　湍流风速轮廓

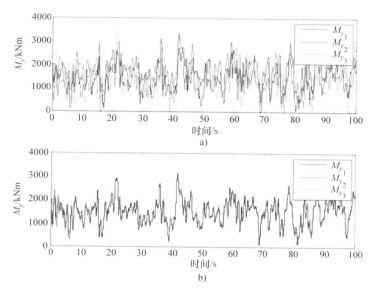

图 8-11　叶片弯矩响应：a）无 IPC；b）有 IPC

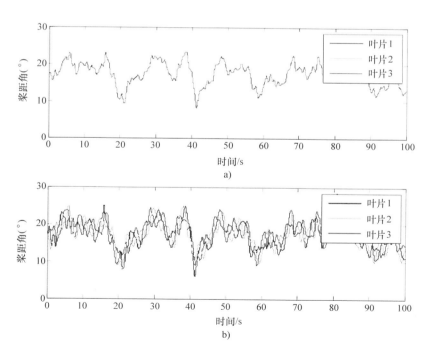

图 8-12　变桨距指令响应：a）无 IPC；b）有 IPC

片弯矩、变桨距指令和风轮转速的响应。如图 8-14 所示，将叶片弯矩转化为科尔曼框架中的总矩及 d 轴（倾斜）力矩和 q 轴（偏航）力矩，独立控制器的效果变得非常明显。为了比较的目的，传统集合变桨距控制的风轮转速响应和总弯矩响应如图 8-13 和图 8-14 所示。可以看出，与提到的总变桨距控制相比，其波动略大。

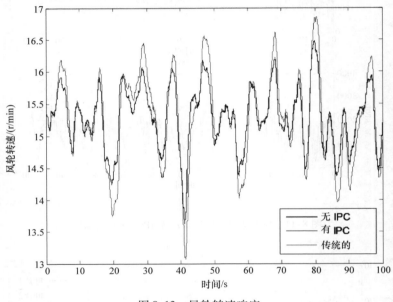

图 8-13　风轮转速响应

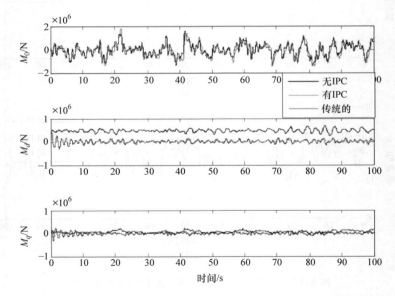

图 8-14　总矩响应（上图）、倾斜力矩（中图）响应和偏航力矩响应（下图）

考虑所有的仿真情况，能够看到，这里可以达到很好的风轮转速调节性能，同时通过提出的统一和独立变桨距控制器能显著地减小叶片弯矩。

8.5　总结

在本章中，我们分别提出了一套各自独立的风力机风轮转速调节及叶片负载减小的统一和独立变桨距控制算法。简化和线性时变模型首先通过线性化推导出，这种模型适合叶片变桨距控制器的设计。但对风力机的动力学特性也进行了充分的描述。然后为统一和独立变桨控制器的设计，通过科尔曼框架变换了两个时不变模型。

利用线性时不变模型，基于 LQRI 和卡尔曼滤波器的状态估计，分别开发了统一和独立的变桨距控制算法。我们的算法利用中心变桨距控制及独立的统一和独立变桨距控制系统使得时域性能标准如风轮转速调节和最小弯矩可被直接包含在设计中。同时，两种变桨距控制算法可被分开设计。

两个系统的状态是用卡尔曼滤波器在科尔曼框架中估计的，并且它们被用于 LQRI 控制。统一变桨距控制器可以控制风轮转速和总叶片弯矩，并能改善风轮转速调节和负载减小间的权衡，而独立变桨距控制可减小叶片上的波动负载。统一变桨距控制器是主控制器，而独立变桨距控制器可以作为开关机构附加在统一变桨距控制器上。

一种高保真度的模型包含若干个自由度及稳定风况和湍流风况，而计算机仿真是利用这样的模型进行的。仿真的结果表明，提出的统一和独立变桨距控制器达到了很好的风轮转速调节和显著减小叶片弯矩的效果。

参 考 文 献

1. Laks, J.H.; Pao, L.Y.; Wright, A.D. Control of Wind Turbines: Past, Present, and Future. In Proceedings of the American Control Conference, St. Louis, MO, USA, 10–12 June 2009; pp. 2096–2103.

2. Stol, K.A.; Zhao, W.; Wright, A.D. Individual blade pitch control for the controls advanced research turbine (cart). J. Sol. Energy Eng. 2006, 128, 498–505.

3. Selvam, K.; Kanev, S.; van Wingerden, J.W.; van Engelen, T.; Vergaegen, M. Feedback-feedforward individual pitch control for wind turbine load reduction. Int. J. Robust Nonlinear Control 2008, 130, 72–91.

4. Thomsen, S.C.; Niemann, H.; Poulsen, N.K. Individual Pitch Control of Wind Turbines Using Local Inflow Measurements. In Proceedings of the 17th World Congress on the International Federation of Automatic Control, Seoul, Korea, 6–11 July 2008; pp. 5587–5592.

5. Munteanu, I.; Cutululisand, N.A.; Bratcu, A.I.; Ceanga, E. Optimization of variable speed wind power systems based on a LQG approach. Control Eng. Pract. 2005, 13, 903–912.

6. Lescher, F.; Camblong, H.; Briand, R.; Curea, O. Alleviation of Wind Turbines Loads with a LQG Controller Associated to Intelligent Micro Sensors. In Proceedings of the IEEE International Conference on Industrial Technology (ICIT 2006), Mumbai, India, 15–17 December 2006; pp. 654–659.

7. Nourdine, S.; Camblong, H.; Vechiu, I.; Tapia, G. Comparison of Wind Turbine LQG Controllers Designed to Alleviate Fatigue Loads. In Proceedings of the 8th IEEE International Conference on Control and Automation, Xiamen, China, 9–11 June 2010; pp. 1502–1507.

8. Selvam, K. Individual Pitch Control for Large Scale Wind Turbines; ECN-E-07-053; Energy Research Center of the Nertherlands: North Holland, The Nertherlands, 2007.

9. Petrovic, V.; Jelavic, M.; Peric, N. Identification of Wind Turbine Model for Individual Pitch Controller Design. In Proceedings of the 43rd International Universities Power Engineering Conference (UPEC 2008), Padova, Italy, 1–4 September 2008.

10. Jelavic, M.; Petrovic, V.; Peric, N. Estimation based individual pitch control of wind turbine. Automatika 2010, 51, 181–192.

11. Wilson, D.G.; Berg, D.E.; Resor, B.R.; Barone, M.F.; Berg, J.C. Combined Individual Pitch Control and Active Aerodynamic Load Controller Investigation for the 5 MW Up Wind Turbine. In Proceedings of the AWEA WINDPOWER 2009 Conference & Exhibition, Chicago, IL, USA, 4–7 May 2009.

12. Leithead, W.E.; Connor, B. Control of variable speed wind turbines: Design task. Int. J. Control 2000, 13, 1189–1212.

13. Balas, M.J.; Wright, A.; Hand, M.M.; Stol, K. Dynamics and Control of Horizontal Axis Wind Turbines. In Proceedings of the American Control Conference, Denver, CO, USA, 4–6 June 2003.

14. Wright, A.D. Modern Control Design for Flexible Wind Turbines; Technical Report NREL/TP-500-35816; National Renewable Energy Laboratory: Golden, CO, USA, 2004.

15. Ma, H.; Tang, G.; Zhao, Y. Feedforward and feedback optimal control for offshore structures subjected to irregular wave forces. Ocean Eng. 2006, 33, 1105–1117.

16. Bottasso, C.L.; Croce, A.; Savini, B. Performance comparison of control schemes for variable-speed wind turbines. J. Phys. Conf. Ser. 2007, 75, doi:10.1088/1742-6596/75/1/012079.

17. Wright, A.D.; Fingersh, L.J. Advanced Control Design for Wind Turbines; Technical Report NREL/TP-500-42437; National Renewable Energy Laboratory: Golden, CO, USA, 2008.

18. Van Engelen, T. Design Model and Load Reduction Assessment for Multi-rotational Mode Individual Pitch Control (Higher Harmonics Control); ECN-RX-06-068; Energy Research Centre of the Netherlands: North Holland, The Nertherlands, 2006.

19. Mateljak, P.; Petrovic, V.; Baotic, M. Dual Kalman Estimation of Wind Turbine States and Parameters. In Proceedings of the International Conference on Process Control, Tatranská Lomnica, Slovakia, 14–17 June 2011; pp. 85–91.

20. Bossanyi, E.A.; Quarton, D.C. GH Bladed—Theory Manual; Garrad Hassan & Partners Ltd.: Bristol, UK, 2008.

21. Lloyd, G. Rules and Guidelines IV: Industrial Services, Part I—Guideline for the Certification of Wind Turbines, 5th ed.; Germanischer Lloyd Windenergie: Hamburg, Germany, 2003.

22. Bir, G. Multiblade Coordinate Transformation and Its Application to Wind Turbine Analysis. In Proceedings of the 47th The American Institute of Aeronautics and Astronautics/Aerospace Sciences Meeting (AIAA/ASME), Orlando, FL, USA, 5–10 January 2009.

第 9 章
变速风力机的功率控制设计

Yolanda Vidal，Leonardo Acho，Ningsu Luo，Mauricio Zapateiro，Francesc Pozo

9.1 简介

受全球经济对化石燃料和环境问题的高度依赖的影响，人们对发电的可替代方法的关注正在增加。在能源市场多样化的趋势下，风电是增长最快的可持续能源[1]。

具有基本控制系统的风力机已在市场上占据了很长时间。这种基本控制系统的目的是最大限度地降低安装维护的成本[1]。近来，风力机的规模越来越大，风能进入主要国家电网的情况越来越多，这就鼓励了电子变换器和机械执行器件的使用。这些有源器件在设计中加入了额外的自由度，允许通过主动控制来获得电力。作为电网接口使用的静止变换器，可以变速运行，至少达到额定转速。由于外部扰动，如随机风的波动、风切变和塔架屏蔽，使变速控制看起来似乎是优化风力机控制的一种不错的选择[2]。从控制系统的角度来看，风能变换系统是一项挑战。风力机的固有特点使其表现出非线性动力学特性，并使其暴露于大的循环扰动中，这可能会引起传动系统和塔架的弱阻尼振动模式，见参考文献 [1，3]。此外，因为特定的运行条件，我们很难获得能准确描述风力机动力特性的数学模型。另外，由于当前风力机向着更大和更加灵活的趋势发展，就使得这项任务变得更为复杂。精确模型的缺乏必须通过稳定控制策略来抵消。稳定控制策略能在模型不确定的情况下，保证稳定性和某些性能特征。当风力机能在不同的速度和桨距下运行时，控制问题变得更具挑战性，见参考文献 [4 - 6]。只有通过若干个控制器才能使这种风力机达到最佳使用效果，见参考文献 [7，8]。

本章提出了一种新的针对变速、变桨距、水平轴风力机（HAWT）的控制策略。这种控制是通过非线性动态颤动转矩控制策略和叶片桨距角比例积分（PI）控制策略获得的。这种新的控制结构允许风力机产生的功率在不同期望值之间快速转换。这意味着可以通过考虑电网上的功耗来增加或减少风力机的发电量。利用其他状态变量的高效性特点，使得电力跟踪得以确保。这些状态变量包括风轮和发电机的转速。此外还利用了控制变量的平滑和充分演变。

本章组织如下。9.2 节给出了风力机的建模。9.3 节简要介绍了美国国家可再生能源实验室（NREL）风力机模拟器 FAST 代码[9]。变桨距控制器和转矩控制器在 9.4 节中介绍。最后，在 9.5 节中，所提出的控制器通过 FAST 气动变形风力机模拟器进行验证，并将其性能与参考文献［10，11］中提出的控制器进行比较，以突出对所提出方法的改进。

9.2　系统建模

　　风力机由风轮部件、齿轮箱和发电机组成。风力机风轮能从风中获取能量并将其转化为机械能。在参考文献［12－14］中采用了风轮的简化模型。该模型假设了一种风速和提取到的机械能的关系，它可用下面的公式描述：

$$P_m(u) = \frac{1}{2}C_p(\lambda,\beta)\rho\pi R^2 u^3$$

式中，ρ 是空气密度，R 是风轮半径，u 是风速，C_p 是风力机的功率系数，β 是桨距角，而 λ 是叶尖速度比，它可由下式给出：

$$\lambda = \frac{R\omega_r}{u}$$

式中，ω_r 是风轮转速。因此，风速和风轮转速的变化引起叶尖速度比的变化，并导致功率系数的变化，从而影响了发电量。气动转矩系数与功率系数的关系如下：

$$P_m = \omega_r T_a$$

气动转矩的表达式可表述为

$$T_a = \frac{1}{2}C_q(\lambda,\beta)\rho\pi R^3 u^2$$

式中，

$$C_q(\lambda,\beta) = \frac{C_p(\lambda,\beta)}{\lambda}$$

　　对于一个完全刚性的低速轴，可以考虑风力机的单质量模型[10,15-17]：

$$J_t\dot{\omega}_r = T_a - K_t\omega_r - T_g$$

式中，J_t 是总的惯性（kg m²），K_t 是风力机总的额外阻尼（Nm rad⁻¹ s），

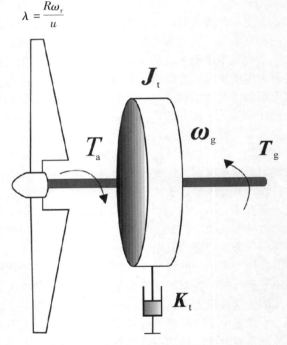

图 9-1　风力机的单质量模型

T_a 是气动转矩（Nm），T_g 是发电机转矩（Nm）。单质量模型的方案如图 9-1 所示。

9.3　模拟器简要说明（FAST）

　　FAST 代码[9]是一种全面的气动弹性模拟器，它能够预测两叶片或三叶片水平轴风

力机的极端负载和疲劳负载。之所以选择这个模拟器进行试验，是因为在 2005 年，由德国 Lloyd WindEnergie 公司对其进行了评估，并发现它适合于设计陆基风力机时的负载计算和验证[18]。FAST 和 Simulink 的界面都是使用 MATLAB R® 开发的，使用户能够在 Simulink R® 中以框图的形式中实现风力机的高级控制。FAST 子程序与 MATLAB 标准网关子程序相连，所以 FAST 运动方程（在 S 函数中）可以包含在 Simulink 模型中。这为模拟过程中风力机控制的实施提供了巨大的灵活性。可在 Simulink 环境中对发电机转矩、机舱偏航和变桨距控制模块进行设计，并且可以在使用 FAST 中提供的风力机完整非线性气动弹性运动方程时对其进行仿真。风力机模块包含带有 FAST 运动方程的 S 函数模块，并包含积分自由度加速度以获得速度和位移的模块。因此，运动方程利用 FAST S 函数来表达，并利用 Simulink 求解器中的一个来求解。

9.4 控制策略

我们开发的 FAST 和 Simulink 间的 MATLAB R® 接口使我们能够以 Simulink R® 中方便的框图形式来实现前面提出的转矩和变桨距控制。开环 FAST simulink 模型如图 9-2 所示。下面将介绍提出的非线性动态转矩和线性变桨距控制器的设计。

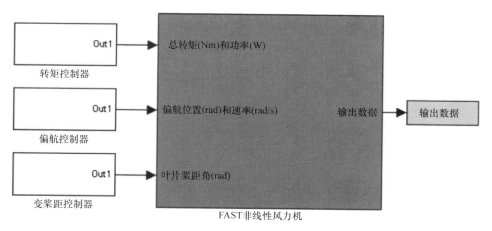

图 9-2 Simulink 仿真开环模型

9.4.1 转矩控制器

电功率跟踪误差被定义为

$$e = P_e - P_{ref} \tag{9-1}$$

式中，P_e是电功率，P_{ref}是参考功率。我们将一个一阶动态施加在这个误差中，

$$\dot{e} = -ae - K_\alpha \text{sgn}(e)a, K_\alpha > 0 \tag{9-2}$$

并可以考虑将电功率写成如下形式[10,15,17,19]：

$$P_e = \tau_c \omega_g \tag{9-3}$$

式中，τ_c是转矩控制，ω_g是发电机的转速。将式（9-1）和式（9-3）代入式（9-2），并假设P_{ref}是一个常数函数，我们可得到

$$\dot{\tau}_c \omega_g + \tau_c \dot{\omega}_g = -a(\tau_c \omega_g - P_{ref}) - K_\alpha \text{sgn}(P_e - P_{ref})$$

它也可被写为

$$\dot{\tau}_c = -\frac{1}{\omega_g}[\tau_c(a\omega_g + \dot{\omega}_g) - aP_{ref} + K_\alpha \text{sgn}(P_e - P_{ref})] \tag{9-4}$$

定理 9.1

提出的控制器 4 确保有限的时间稳定性[20]。此外可通过恰当地定义 a 和 K 的值来选择建立时间。

证明

我们现在提出 Lyapunov 函数

$$V = \frac{1}{2}e^2 \tag{9-5}$$

那么，基于式（9-2），系统轨迹上的时间导数为

$$\dot{V} = e\dot{e} = e(-ae - K_\alpha \text{sgn}(e)) = -ae^2 - K_\alpha|e| < 0 \tag{9-6}$$

因此，V 是全局正定和径向无界的，而 Lyapunov 候选函数的时间导数是全局负定的；所以这种平衡被证明是全局渐近稳定的。而且，有限的时间稳定性可以被证明。式（9-6）可以被写为

$$\dot{V} \leqslant -K_\alpha|e| = -K_\alpha\sqrt{2}\sqrt{V}$$

因此，$\dot{V} + K_\alpha\sqrt{2}\sqrt{V}$是负半定的，并且参考文献［20］中的定理 1 可以用来推断原点是有限时间上稳定的平衡点。此外，根据参考文献［20］，建立时间函数可被描述为

$$t_s \leqslant \frac{1}{K_\alpha\sqrt{2}}(V)^{1/2}$$

利用式（9-5）导出

$$t_s \leqslant \frac{e}{K_\alpha} \tag{9-7}$$

对于 $K_\alpha = 0$，得到一个指数（但不是有限时间）稳定控制器。

$$\dot{e} = -ae \tag{9-8}$$

接下来，我们为指数稳定控制器计算一个近似的建立时间（为实际目的），以便能选择一个建立时间，这个建立时间对有限时间稳定方法来说非常小。对于这样的目的，我们将指数稳定的误差动态方程式（9-8）与最简单的电阻－电容（RC）电路进行比较。该电路由一个电阻 R 和一个电容 C 串联而成。当一个电路只包含一个充电的电容和一个电阻时，电容将通过电阻放电。电容上的电压 v 与时间有关，可以用基尔霍

夫电流定律得到。它可以由线性微分方程来表示：

$$C\dot{v} + \frac{v}{R} = 0 \tag{9-9}$$

众所周知，这个一阶微分方程的解是一个指数衰减函数，

$$v(t) = v_0 e^{\frac{-t}{RC}}$$

式中，v_0 是在时间 $t=0$ 时的电容电压。电压降到 v_0/e 的时间是一个常数，表示为 $\tau = RC$。如参考文献〔21〕中描述的，电容在大约 5τ（s）后被认为是完全放电（0.7%）。

比较 RC 电路 ODE，由式（9-9）和指数稳定误差动态方程式（9-8），可得 $a = 1/RC$，在这里 $\tau = 1/a$。指数稳定误差动态将需要 5τ 来达到期望值（0.7% 误差）。因为我们提到的控制器是有限时间稳定的，所以从式（9-7）中我们可以选择参数值，以获得 $0.2(5\tau)s$ 内的期望值。因此，假设值接近 $t=0$，则误差以 $|e| < 1.5 \times 10^6$ 为界（这是风力机的额定功率）：

$$t_s \leqslant \frac{1.5 \times 10^6}{K_\alpha} < 0.2(5\tau) = 0.2\left(5\frac{1}{\alpha}\right)$$

对于 $a=1$，估计的建立时间少于 1s，

$$t_s \leqslant \frac{1.5 \times 10^6}{K_\alpha} < 1 \tag{9-10}$$

由上式可得

$$K_\alpha > 1.5 \times 10^6$$

注意式（9-4）取决于 ω_g。计算这个导数的一个方法是使用风力机的单质量模型。这个模型在 9.2 节中提到过。在这里要求有以下所有的风力机参数：风力机总惯性、风力机额外阻尼、气动转矩、风轮侧的发电机转矩和齿轮箱变速比。另一种计算此导数的方法是使用参考文献〔22〕中提出的估计量（在拉普拉斯域的传递函数）：

$$\frac{s}{0.1s + 1} \tag{9-11}$$

输入式（9-11）的是 ω_g，输出的是 ω_g 的估计值。所提出的简单非线性转矩控制方程式（9-4）不需要来自风力机的总体外部阻尼或风力机的总惯量信息。这种控制只需要知道风力机中发电机的转速和电功率。因此，我们所提出的使用式（9-11）的控制器只需要很少的风力机参数。相比之下，参考文献〔10, 15 – 17〕中的大多数控制器需要很多的风力机参数。当无法获得所有所需参数时，这种要求就限制了风力机的适用范围。

9.4.2 变桨距控制器

为了协助转矩控制器调节风力机的输出功率，同时为了避免产生明显的负载并将风轮转速保持在可接受的范围内，我们在风轮转速跟踪误差上加上一个桨距比例积分（PI）控制器：

$$\beta = K_p(\omega_r - \omega_n) + K_I \int_0^t (\omega_r - \omega_n)\mathrm{d}t, K_p > 0, K_i > 0$$

式中，ω_r 是风轮转速，ω_n 是额定的风轮转速，在这里可以获得额定的风力机电功率。为了在 $\omega_r < \omega_n$ 时，不产生比例项，最终提出的控制器可用下式进行描述：

$$\beta = \frac{1}{2}K_p(\omega_r - \omega_n)[1 + \mathrm{sgn}(\omega_r - \omega_n)] + K_1\int_0^t(\omega_r - \omega_n)\mathrm{d}t, K_p > 0, K_i > 0$$

9.5 仿真结果

使用 NREL WP 1.5MW 风力机在 MATLAB – Simulink 上用 FAST 进行数值验证。表 9-1 总结了风力机的特性。

表 9-1 风力机特性

叶片数量	3
塔架高度	82.39m
风轮半径	70m
额定功率	1.5MW
齿轮箱变速比	87.965
额定风轮转速	20r/min

模拟的风力输入如图9-3所示。可变的参考设定点被施加在风力机的电功率上。当风电场的管理者需要给定一个电功率时，他必须将这个参考值发送到不同的风力机上，并为每个风力机设置可变参考值以满足电网的特定需求。在对 NREL WP 1.5MW 风力机

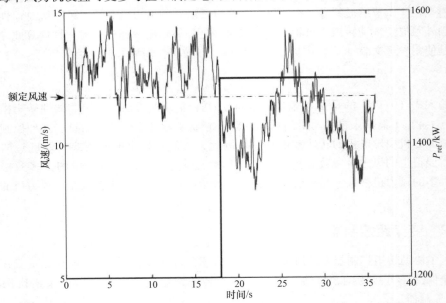

图 9-3 平均值为 11.8m/s 时的风速曲线，相当于风力机的额定风速（左 y 轴）。参考功率为右 y 轴

的仿真中，风力输入所达到的风速要高于额定功率下运行的风况。从图 9-3 中可以看到，风力机的额定风速为 11.8m/s，这与平均风速曲线相吻合。图 9-3 还显示了参考功率（右 y 轴）。

9.5.1 转矩和变桨距控制

具有转矩和变桨距控制的 FAST 模拟器输出，使用了 $a = 1$、$K_p = 1$、$K_i = 1$ 和 K_α 的两个值（不同的建立时间）进行计算，这两个值在这里为 $K = 1.5 \times 10^6$ 和 $K = 1.5 \times 10^5$。这些结果与参考文献 [10]（Bukhezzar 控制器）和参考文献 [11]（Jonkman 控制器）中提出的控制器进行了比较。

对于所有测试过的控制器，由于桨距的控制作用，风轮转速（见图 9-4）接近其标称值（20r/min）。从图 9-5 可看到，对于 Boukhezzar 控制器可观察到指数收敛，并且当参考功率改变时，可在大约 5s 时达到期望值。与之相比，对于 Jonkman 控制器，可获得几乎完美的功率调节；然而，这种转矩控制器会产生高负载，它会超过设计负载，这将在稍后介绍。我们所提出的控制器具有介于 Jonkman 控制器和 Boukhezzar 控制器之间的特性。其电功率跟随基准值，与风力的波动无关，稳定时间为 1s，当使用参数 $K = 1.5 \times 10^6$ 时，可以被预测。当使用参数 $K = 1.5 \times 10^5$ 时，可获得类似的结果，但稳定时间增加了。我们的控制器允许选择稳定时间，以使其性能可以更接近 Jonkman 控制器或 Boukhezzar 控制器。然而，对于任何给定的稳定时间，相较于 Boukhezzar 控制器，我们的控制器能更精确地达到参考功率。因为我们的控制器是有限收敛的。这种趋势可以从图 9-5 的放大图中看到。

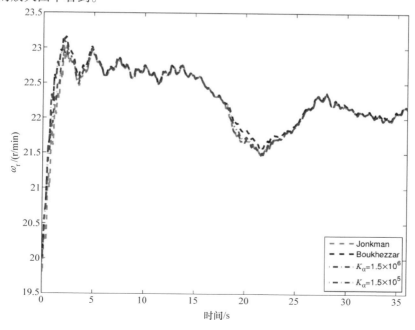

图 9-4　风轮转速

　　传统的最大变桨速率从600kW风力机的18°/s到5MW风力机的8°/s[23]。从图9-6中可看到，对于所有的测试控制器，叶片的桨距角总是在准许的变化范围内，且不会超过10°/s的变化。

　　从图9-7中可看到，我们所提出的控制器转矩的作用是平稳的，并且它达到了Jonkamn和Boukhezzar控制器相似的合理值。根据运行条件，发电机可能无法提供所需的机电转矩。为避免这种过载，转矩控制应饱和到最高10%以上的额定值，或7.7kNm，见参考文献［11］。这个值在图9-7中示出；测试控制器中没有达到这个极端值的。

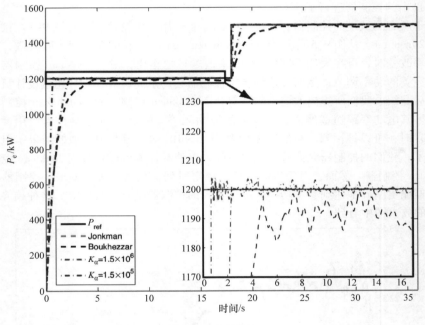

图9-5　功率输出

　　负载对控制行为的影响也很重要。要考虑的相关负载包括：塔架底部侧向转矩（见图9-8）、传动系统转矩（见图9-9）、塔架顶部/轴承滚动转矩（见图9-10）以及侧向剪切力（见图9-11）。Jonkman控制器尽管实现了近乎完美的功率调节，但它在所有的情况下均能达到几乎超过设计值的高负载。相比之下，Boukhezzar控制器使用中间负载但其调节性能不佳。最后，我们的控制器在负载和跟踪所需功率变化的能力之间实现了理想的平衡。

　　在图9-12中显示了叶片边缘弯矩，它是另一种相关的负载，在这种情况下，所有的测试控制器达到了相似的结果。

　　基于MATLAB的后处理程序MCruch[24]是用于风力机数据分析的。最后，这种程序被用于数值分析。表9-2显示了损伤等效负载。图9-13所示为仿真高达600s后相关负

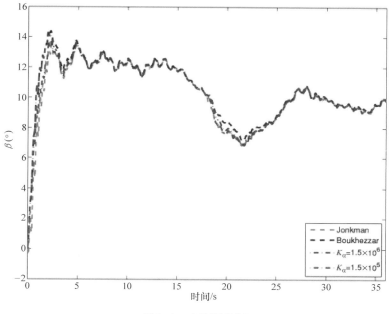

图 9-6　变桨距控制

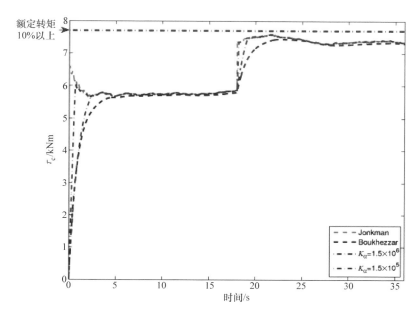

图 9-7　转矩控制

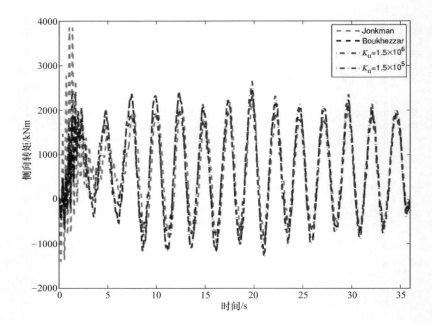

图 9-8 塔架底部侧向转矩

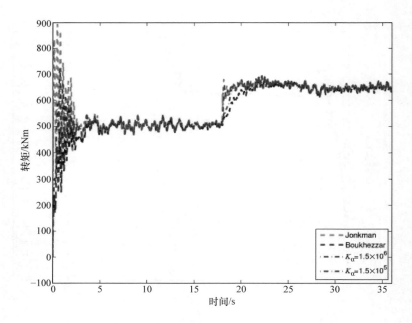

图 9-9 传动轴转矩

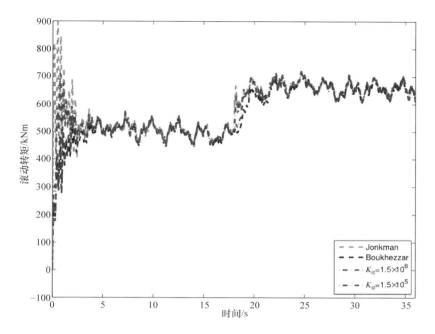

图 9-10　塔架顶部/偏航轴承滚动转矩

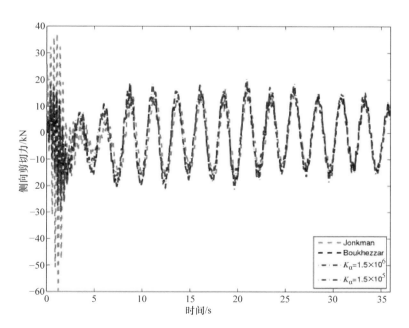

图 9-11　塔架顶部/偏航轴承侧向剪切力

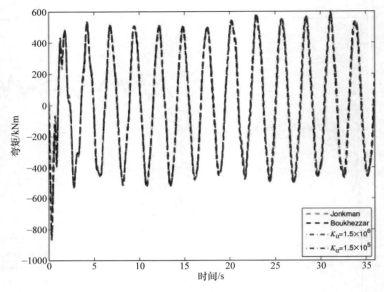

图 9-12　叶片边缘弯矩

载的累计雨流计数周期的记录。参考功率每 18s 变化一次，且在 1200～1500kW 之间。疲劳设计的 SN 曲线斜率是从 WindPACT 风力机的出版文献中获取的[25]。值得重视的是，对于驱动轴转矩和塔架顶部/偏航轴承滚动转矩等相关负载，Jonkamn 控制器在每秒的第一个累计周期中表现出明显的疲劳变化。这与上一节观察到的结果一致，该结果表明控制器可以实现超过设计值的高负载。

表 9-2　损伤等效负载表

	单位	SN 斜率	$K_\alpha = 1.5 \times 10^5$	$K_\alpha = 1.5 \times 10^6$	Boukhezzar	Jonkman
塔架底部侧向转矩	kNm	3	1.255×10^3	1.195×10^3	1.174×10^3	1.418×10^3
驱动轴转矩	kNm	6.5	1.386×10^2	1.450×10^2	1.295×10^2	3.080×10^2
塔架顶部/偏航轴承滚动转矩	kNm	3	7.699×10^1	8.144×10^1	7.338×10^1	1.083×10^2
塔架顶部/偏航轴承侧向剪切力	kN	3	1.555×10^1	1.501×10^1	1.473×10^1	1.443×10^1
叶片边缘弯矩	kNm	8	1.237×10^3	9.599×10^2	9.562×10^2	9.595×10^2

9.5.2　带有噪声信号的转矩和变桨距控制

对于通用规模大小的多兆瓦风力机来说，所提出的发电机转矩和叶片变桨距控制器使用了发电机转速的大小作为唯一的反馈输入。为了考虑信号噪声（在实际应用中存在），通过添加幅度为 0.1 的正弦波和频率为 0.6Hz 的正弦波来修正发电机转速测量，

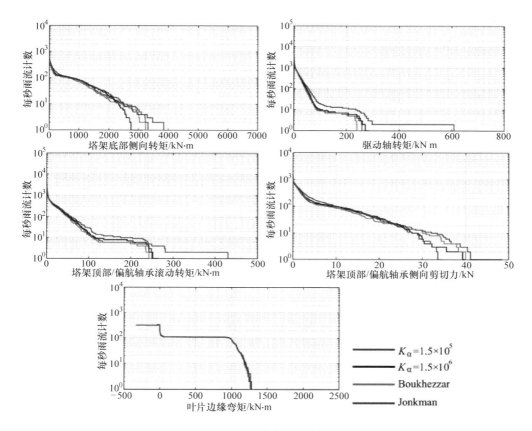

图 9-13　累计雨流计数

该正弦波与风轮转速的标称值成比例（两倍）。周期性的噪声信号首先被测试，因为周期性的干扰出现在旋转的机械系统中，并且避免这种干扰是很重要的（见参考文献［26，27］）。从图 9-14 的放大图中可以看出，相比于其他测试控制器，我们提出的控制器对周期性噪声具有更好的稳定性。将这些结果与图 9-5 相比较时，Boukhezzar 控制器受噪声影响更大。Jonkamn 控制器是一个几乎完美的功率调节控制器；然而，当使用噪声信号时，结果也受到了影响。Jonkman 控制器有一个低通滤波器，如参考文献［11］所述，但在这种情况下，噪声信号不能被滤波，因为它的频率为 0.25Hz，而这是低通滤波器的转折频率。Jonkman 控制器可以使用更合适的滤波器，而 Boukhezzar 控制器也可以使用某些滤波器。但是，我们的控制器在没有滤波器的情况下显示出了良好的性能。最后，测试了白噪声信号。从图 9-15 的放大图中可看出，Boukhezzar 控制器再次受到噪声的影响。我们提出的控制器和 Jonkman 控制器在这种情况下具有类似的性能。

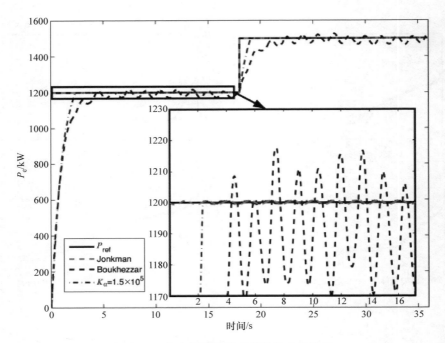

图 9-14　具有周期性噪声信号的功率输出

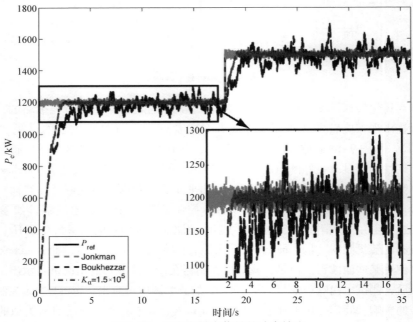

图 9-15　具有白噪声信号的功率输出

9.6 总结

本章提出了一种湍流风况的风力机控制器。所提出的控制器在风轮转速和电功率调节方面有着较强的性能和可被接受的控制特点。这些结果表明，所提出的控制器允许风力机产生的功率能在不同的期望设定值之间转换。这一成果意味着，可以通过响应电网的功耗来增加或减少风力机的发电量，并且能参与主电网功率控制，这就要求允许更高水平的风能渗透率而不影响发电的质量。最后，所提出的控制器与其他相对的测试策略的改进如下：

- 提出的控制器确保有限时间稳定性。因此，所提出的控制器与诸如参考文献［10］中的指数稳定控制器相比较，它能更精确地达到期望的参考功率。
- 所提出的控制器允许我们通过在式（9-4）中适当地定义参数 K_α 和 a 来选择稳定时间。因此，可以通过调节我们的控制器以获得更接近 Jonkman 或 Boukhezzar 控制器稳定时间的中间控制器。
- 所提出的简单非线性转矩控制器不需要关于风力机总体外部阻尼或风力机总惯性量的信息；它只需要知道风力机发电机的转速和功率。因此，所提出的控制器可以很容易地应用于其他的风力机上。利用一个较参考文献［10］更简单的模型，我们可以得到更好的结果。
- 所提出的控制器实现了负载和在设计功率中跟踪变化能力间的平衡。
- 所提出的控制器对周期性噪声信号更具稳定性，并且在这种情况下不需要过滤器。

参 考 文 献

1. Burton, T.; Sharpe, D.; Jenkins, N.; Bossanyi, E. Wind Energy Handbook; Wiley: Chichester, UK, 2001.
2. Zinger, D.; Muljadi, E. Annualized wind energy improvement using variable speeds. IEEE Trans. Ind. Appl. 1997, 33, 1444–1447.
3. Kusiak, A.; Zhang, Z. Control of wind turbine power and vibration with a data-driven approach. Renew. Energy 2012, 43, 73–82.
4. Hassan, H.M.; Eishafei, A.L.; Farag, W.A.; Saad, M.S. A robust LMI-based pitch controller for large wind turbines. Renew. Energy 2012, 44, 63–71.
5. Sandquist, F.; Moe, G.; Anaya-Lara, O. Individual pitch control of horizontal axis wind turbines. J. Offshore Mech. Arctic Eng.-Trans. ASME 2012, 134, doi:10.1115/1.4005376.
6. Joo, Y.; Back, J. Power regulation of variable speed wind turbines using pitch control based on disturbance observer. J. Electr. Eng. Technol. 2012, 7, 273–280.
7. Diaz de Corcuera, A.; Pujana-Arrese, A.; Ezquerra, J.M.; Segurola, E.; Landaluze, J. H-infinity based control for load mitigation in wind turbines. Energies 2012, 5, 938–967.
8. Soliman, M.; Malik, O.P.; Westwick, D.T. Multiple Model MIMO Predictive Control for Variable Speed Variable Pitch Wind Turbines. In Proceedings of the American Control Conference, Baltimore, MD, USA, 30 June–2 July 2010.

9.   Jonkman, J. NWTC Design Codes (FAST). Available online: http://wind.nrel.gov/designcodes/ simulators/fast/ (accessed on 8 March 2012).

10. Boukhezzar, B.; Lupu, L.; Siguerdidjane, H.; Hand, M. Multivariable control strategy for variable speed, variable pitch wind turbines. Renew. Energy 2007, 32, 1273–1287.

11. Jonkman, J.M.; Butterfield, S.; Musial,W.; Scott, G. Definition of a 5-MW Reference Wind Turbine for Offshore System Development; Technical Report NREL/TP-500-38060; National Renewable Energy Laboratory: Golden, CO, USA, 2009.

12. Slootweg, J.; Polinder, H.; Kling, W. Dynamic Modelling of a Wind Turbine with Doubly Fed Induction Generator. In Proceedings of the Power Engineering Society Summer Meeting, 15–19 July 2001; Volume 1, pp. 644–649.

13. Song, Y.; Dhinakaran, B.; Bao, X. Variable speed control of wind turbines using nonlinear and adaptive algorithms. J. Wind Eng. Ind. Aerodyn. 2000, 85, 293–308.

14. De Battista, H.; Puleston, P.; Mantz, R.; Christiansen, C. Sliding mode control of wind energy systems with DOIG-power efficiency and torsional dynamics optimization. IEEE Trans. Power Syst. 2000, 15, 728–734.

15. Khezami, N.; Braiek, N.B.; Guillaud, X. Wind turbine power tracking using an improved multimodel quadratic approach. Int.Soc. Autom. Trans. 2010, 49, 326–334.

16. Acho, L.; Vidal, Y.; Pozo, F. Robust variable speed control of a wind turbine. Int. J. Innov. Comput. Inf. Control 2010, 6, 1925–1933.

17. Beltran, B.; Ahmed-Ali, T.; Benbouzid, M. High-order sliding-mode control of variable-speed wind turbines. IEEE Trans. Ind. Electr. 2009, 56, 3314–3321.

18. Manjock, A. Design Codes FAST and ADAMS for Load Calculations of Onshore Wind Turbines, 2005; National Renewable Energy Laboratory (NREL): Golden, CO, USA, 2005.

19. Beltran, B.; Ahmed-Ali, T.; El Hachemi Benbouzid, M. Sliding mode power control of variable-speed wind energy conversion systems. IEEE Trans. Energy Convers. 2008, 23, 551–558.

20. Bhat, S.; Bernstein, D. Finite-Time Stability of Homogeneous Systems. In Proceedings of the American Control Conference, Albuquerque, NM, USA, 4–6 June 1997; Volume 4, pp. 2513–2514.

21. Beaty, H.W. Handbook of Electric Power Calculations, 3rd ed.; McGraw-Hill: New York, NY, USA, 2001; Volume 1.

22. Spong, M.W.; Vidyasagar, M. Robot Dynamics and Control; John Wiley and Sons: Hoboken, NJ, USA, 1989.

23. Pao, L.; Johnson, K. A Tutorial on the Dynamics and Control of Wind Turbines and Wind Farms. In Proceedings of the American Control Conference, Boulder, CO, USA, 10–12 June 2009; pp. 2076–2089.

24. Hayman, G. NWTC Design Codes (MCrunch). Available online: http://wind.nrel.gov/designcodes/postprocessors/mcrunch/ (accessed on 6 June 2012).

25. Malcolm, D.J.; Hansen, A.C. WindPACT Turbine Rotor Design Study; Technical Report NREL/SR 500-32495; National Renewable Energy Laboratory: Golden, CO, USA, 2002.

26. Brown, L.J.; Zhang, Q. Periodic disturbance cancellation with uncertain frequency. Automatica 2004, 40, 631–637.

27. Wu, B.; Bodson, M. Direct adaptive cancellation of periodic disturbances for multivariable plants. IEEE Trans. Speech Audio Process. 2003, 11, 538–548.

第 10 章
基于 H_∞ 的降低风力机负载的控制

Asier Diaz de Corcuera, Aron Pujana – Arrese, Jose M. Ezquerra,
Edurne Segurola, Joseba Landaluze

10.1 简介

由于高功率产生设备的需求，风力机的尺寸在不断地增加，这给风力机的设计带来了新的挑战。此外，控制策略日臻成熟。为了能满足众多的控制设计规范，今天的控制策略趋向于多变量和多目标。更准确地说，一条重要规范是减轻风力机中组件的负载以延长它们的寿命。这可以在组件的机械设计中引入新材料或通过改进控制本身来实现。除此之外，风力机的特征是非线性的，这意味着设计的控制性能必须具有鲁棒性。

在过去的几年里，开发出了若干种现代控制技术，并使用它们，以取代传统的 PI 控制器（见 10.3 节）。这些技术包括模糊控制器[1]，自适应控制策略[2]，线性二次型控制器[3]，如 NREL 开发和 CART 真实风力机测试[5]的扰动调节控制（DAC）[4]，QFT 控制器[6]，线性参数变化（LPV）控制器[7]和基于 H_∞ 范数约简的控制器。H_∞ 控制器具有鲁棒性，并且这种控制器是多变量和多目标的，所以它们在风力机的应用中会展现出很多优点，并且能出现一些有趣的结果。一篇涉及这个主题的文章[8]显示了基于 H_∞ 范数约简的两个控制器的设计的简单应用和风力机的分析模型。首先通过塔架前后加速度位移测量减少塔架上的负载，并通过上述规定区域内的统一变桨距控制来控制发电机的转速基准。第二个控制器也通过基于 H_∞ 范数约简的循环变桨距控制器来减少叶片上的负载。基于 H_∞ 范数的 SISO 和 MISO 状态空间控制器的控制策略在 CART3 实验风力机中进行了测试和比较[9]。在本章中，扭矩控制器用于传动链模式和塔架侧向弯曲模式。

本章在前面所说的规定区域内（见 10.5 节）提出了两种 H_∞ MISO（多输入单输出）控制器设计。这些控制器不仅可以控制发电机的转速，还可以利用统一变桨距控制器来减小塔架前后位移，但是如果发电机使用了发电机转矩为 H_∞ 的控制器，它们也可以减少塔架侧向位移和传动系统上的负载。此外，就控制器而言，虽然在建模方法上我们可以使用从任何建模包中获得的线性模型，但我们是从 GH BLaded 4.0 获得的复杂线性设备，而非简单的风力机分析模型。关于 H_∞ 控制器的设计，借助于正确定义在混合灵敏度问题中增广函数的权函数，在控制器动力学中包括了一些陷波滤波器。在这种基于 H_∞ 控制器的控制策略设计过程中，使用了两个软件包：GH Blade 4.0 和 MATLAB。GH Blade 是一种由 Garrad Hassan 公司商业化的软件包，通常被主要的风力机制造商用于建模和仿真风力机。控制器的综合和离散化在 MATLAB 中进行，最后利用 GH Blade 与造出的不同扰动风在闭环系统中仿真。基于传统的控制策略，将使用 H_∞ 控制器的结果和基线控制器进行比较，以便进行负载减轻分析，从而测试新设计的控制策略的负载减轻能力。在负载分析中，考虑了疲劳损伤情况（IEC61400 – 1 第 2 版中的 DLC1.2）和一些极端负载情况（IEC61400 – 1 第 2 版中的 DLC1.6）。

10.2 风力机模型

10.2.1 非线性模型

在 Upwind European 工程中定义的逆风型风力机是在 GH Bladed 4.0 中开发出来的，它是本研究项目中使用的非线性模型。逆风型风力机模型是由一个 5MW 海上风力机构成[10,11]，它在其基础上采用单桩结构。它有三个叶片，每个叶片上有一个独立的变桨距执行器。其风轮的直径为 126m，轮毂高度是 90m，齿轮箱传动比是 97，额定风速是 11.3m/s，切入风速是 25m/s，额定风轮转速是 12.1r/min。

10.2.2 线性模型

风力机的线性模型就是通过使用 GH Bladed（4.0 版）的线性化工具，从此软件中非线性模型的不同操作点中获得的。我们从 3m/s 到 25m/s 的范围内定义了 12 个操作点。Campbell 图显示了线性模型族相对于操作点的结构模式的频率（见图 10-1）。

在表 10-1 中，对于风速为 11m/s 时的运行点，这些模式的频率会更准确地显示出来。一些定义的缩写可以参考本章中使用的模式。线性模型［见式（10-1）］是通过状态空间矩阵表示出来的。它具有不同的输入和输出。输入是统一桨距角和发电机转矩控制信号 $u(t)$ 及由风速引起的干扰输出 $w(t)$。输出 $y(t)$ 是用于设计控制器的传感器测量值。在这种情况下，这些输出是发电机的转速 w_g，塔架顶部前后加速度 a_{Tfa} 和塔架顶部侧向加速度 a_{Tss}。由于非线性模型的复杂性，考虑到线性模型的数量，线性模型的阶数为 55。线性模型没有减少，因为在进行分析后，我们知道使用高阶线性设备可以获得最佳控制器合成，并且可降低所获得控制器的较高的阶：

$$\dot{X}(t) = A \cdot X(t) + B_{11} \cdot u(t) + B_{12} \cdot w(t)$$

$$y(t) = C \cdot X(t) + D_{11} \cdot u(t) + D_{12} \cdot w(t)$$

$$(10\text{-}1)$$

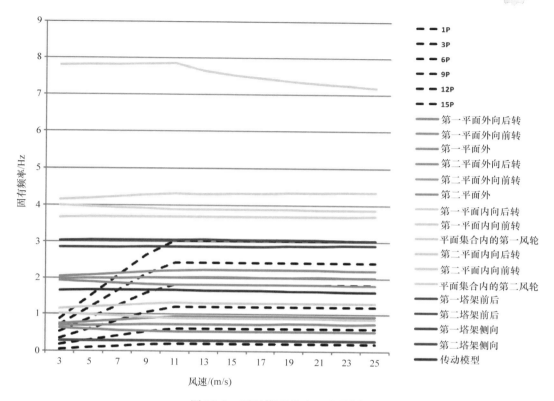

图 10-1 逆风模型的 Campbell 图

表 10-1 逆风模型的模态分析

要素	模式	频率/Hz	缩写
风轮	第一平面内	3.68	M_{R1ip}
	第一平面内向前转	1.31	M_{R1ipfw}
	第一平面内向后转	0.89	M_{R1ipbw}
	第二平面内	7.58	M_{R2ip}
	第二平面内向前转	4.30	M_{R2ipfw}
	第二平面内向后转	3.88	M_{R2ipbw}
	第一平面外向前转	0.93	M_{R1opfw}
	第一平面外	0.73	M_{R1op}
	第一平面外向后转	0.52	M_{R1opbw}
	第二平面外向后前转	2.20	M_{R2opfw}
	第二平面外	2.00	M_{R2op}
	第二平面外向前转	1.80	M_{R2opbw}

（续）

要素	模式	频率/Hz	缩写
传动系统	传动系统	1.66	M_{DT}
塔架	第一塔架侧向	0.28	M_{T1ss}
	第一塔架前后	0.28	M_{T1fa}
	第二塔架侧向	2.85	M_{T2ss}
	第二塔架前后	3.05	M_{T2fa}
非策略	1P	0.2	1P
	3P	0.6	3P

10.3　基线传统控制策略（C1）

风力机的控制策略通过一条曲线来定义（见图10-2），这条曲线与发电机转矩和发电机的转速相关[12]。在这条曲线上可划分出三个控制区域：低于额定区域、过渡区和高于额定区域。在低于额定区域，控制目标将功率系数（C_p）保持在最佳值。在逆风基线控制器中，达成此目标是根据发电机转矩控制实现的，而这依赖于发电机转速测量 [见式（10-2）]。发电机转矩 T_{br} 与发电机转速的 2 次方成正比，其比值为常量 K_{opt}。

$$T_{br} = K_{opt} \cdot w_g^2$$
$$K_{opt} = 2.14 \left[\frac{Nm}{(rad/s)^2} \right] \tag{10-2}$$

过渡区的目标是通过改变发电机转矩来控制发电机的转速。在逆风模型中，这可以通过一个转矩比例积分 PI 控制器[13]或结合一个开环转矩控制来实现，这个开环转矩控制产生一个与发电机转矩和发电机转速相关联的斜坡[14]。在 C1 控制策略中，用于逆风基线控制的过渡区（风速为 11m/s）中的 PI 值为 K_{pt} 和 K_{it} [见式（10-3）]，这里的 u(s)是发电机转矩控制信号而 e(s)是发电机转速误差：

$$\frac{3^k}{2} \log_2 \frac{m}{3^k} + \frac{2k}{2} \log_2 m \tag{10-3}$$

在上述额定区域内，目标是将发电机的转速控制在 1173r/min 的标称值上，改变叶片总桨距角以使电功率保持在 5MW。为此，我们使用了增益调度（GS）PI 控制器[15]。在这种情况下，控制器输入 u(s)是发电机的转速误差，而控制器的输出 β_{col}(s)是总桨距角控制信号。用于增益调度的 PI 控制器的线性设备是与桨距角和发电机转速相关的。这些设备具有不同的增益，所以尽管有增益差异，增益调度还是被用于保证闭环系统的稳定性。为了发展增益调度，在两个运行点（风速为 13m/s 和 21m/s）上的两个 PI 控制器 [见式（10-4）] 被调整：

$$K_{pt_{13}} = 0.009 ; K_{it_{13}} = 0.003$$

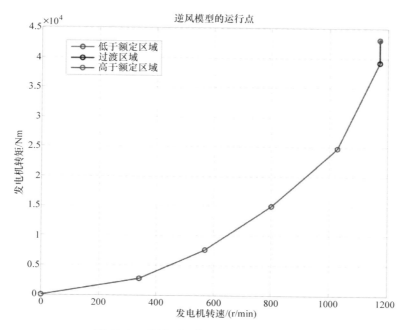

图 10-2　逆风型风力机发电控制区的曲线

$$K_{\text{pt\_21}} = 0.0039 \, ; K_{\text{it\_21}} = 0.0013 \qquad (10\text{-}4)$$

　　在其他的运行点上，PI 参数是通过一个一阶近似来推出的。在参考文献［14］中提出了一个类似的增益调度策略。这个 PI 不使用来自风速计的风速信号，而是通过叶片中的总桨距角来调度。在风速为 13m/s 的运行点上，相应的稳态总桨距角是 6.42°，风速为 21m/s 的运行点上相应的稳态总体桨距角为 18.53°。最后，使用了一些串联的陷波滤波器来改善 PI 控制器的响应[16]。建立了一些设计标准来调整这些控制器的操作点：

　　1）输出灵敏度峰值：大约为 6dB。

　　2）开环相位裕度在 30°~60°之间。

　　3）开环增益范围在 6~12dB 之间。

　　4）保持 PI 零点频率不变。

　　传动系统阻尼滤波器（DTD）也被包括在内。DTD 的目的是减小传动模式的风效应[15,17]。逆风模型［见式（10-5）］的 DTD 包含一个带有微分器、实数零点和一对复数极点的增益：

$$T_{\text{DTD}}(s) = \left[K_1 \cdot \frac{s\left(1 + \dfrac{1}{w_1}s\right)}{\left(\left(\dfrac{1}{w_2}\right)^2 s^2 + 2\xi_2 \dfrac{1}{w_2}s + 1\right)} \right] \cdot w_{\text{g}}(s) \qquad (10\text{-}5)$$

式中，$K_1 = 641.45 \text{Nms/rad}$；$w_1 = 193 \text{rad/s}$；$w_2 = 10.4 \text{rad/s}$；$\xi_2 = 0.984$。

滤波器的输入是发电机转速 w_g，而输出是对发电机转矩设定点信号的 TDTD 贡献。最后，塔架前后移动阻尼滤波器（TD）被设计出来，它用于减小塔架前后模式上的风效应，这个模式是在额定发电区域之上[15,17]。对于逆风基线控制器，过滤器［见式（10-6）］包括一个具有积分器、一对复数极点和一对复数零点的增益：

$$B_{fa}(s) = K_{TD} \cdot \frac{1}{s} \cdot \left[\frac{1 + (2 \cdot \zeta_{T1} \cdot s/w_{T1}) + (s^2/w_{T1}^2)}{1 + (2 \cdot \zeta_{T2} \cdot s/w_{T2}) + (s^2/w_{T2}^2)} \right] \cdot a_{Tfa}(s) \qquad (10\text{-}6)$$

式中，$K_{TD} = 0.035$；$w_{T1} = 1.25 \mathrm{rad/s}$；$\zeta_{T1} = 0.69$；$w_{T2} = 3.13 \mathrm{rad/s}$；$\zeta_{T2} = 1$。

过滤器的输入是塔架顶部的前后加速度，并且输出是对总体桨距角的变桨控制 β_{fa}。总之，图 10-3 中定义了基线控制策略。可以开发其他减小风力机负载的策略，但它们不包括在考虑的基线控制器中。

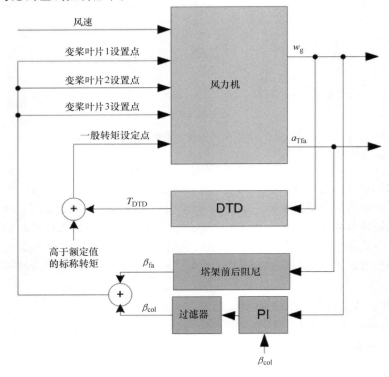

图 10-3　基线 C1 控制策略

10.4　设计新控制器策略的目标

开发风力机控制策略的控制目标，在额定发电区域之上进行，如下所述：

1）发电机转速控制（输出灵敏带宽增加，与基线控制器比较峰值减小）。

2）减小传动系统上的负载，从而降低传动系统模式的风效应。

3）减小塔架上的负载，从而降低塔架第一模式（侧向和前后）上的风效应。

4）与基于传统控制策略的基线控制器相比，减轻了负载。

为实现这些控制目标，使用了塔架顶部的发电机转速传感器和加速度计[18]。

10.5 基于 H_∞ 范数约简（C2）新提出的控制策略

10.5.1 基于 H_∞ 范数约简的控制策略的设计

该策略由两个基于 H_∞ 范数约简的具有鲁棒性、多变量、多目标的控制器组成（见图 10-4）。我们对发电机转矩控制器和变桨距控制器分别进行了设计[19]。转矩控制器具有两个输入，分别是发电机转速 w_g 和塔架顶部侧向加速度 a_{Tss}；一个输出，即发电机转矩控制信号 $T_{H\infty}$。另一方面，变桨距控制器有两个输入，分别是发电机转速 w_g 和塔架顶部前后加速度 a_{Tfa}；一个输出，即统一变桨距控制信号 $\beta_{H\infty}$。总体桨距角设定值是变桨距控制信号 $\beta_{H\infty}$。然而，发电机转矩设定点的值等于高于额定区域中发电机转矩控制信号 $T_{H\infty}$ 和发电机转矩标称值相加。

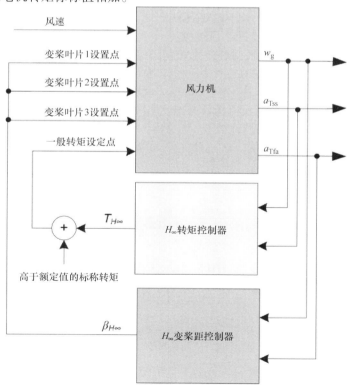

图 10-4 基于 H_∞ 范数约简的 C2 控制策略

控制设计方法可以分为以下几个步骤：

1）从 GH Bladed 非线性模型中提取风力机的线性模型。用于这种设计的风力机是5MW 逆风型风力机模型。

2）分析 Simulink 中，从 Campbell 图中提取的线性模型。

3）在 MATLAB 中设计 H_∞ 转矩控制器。

4）在考虑前面设计的 H_∞ 转矩控制器，在 MATLAB 中设计 H_∞ 变桨距控制器。

5）在 MATLAB 中分析控制器鲁棒性。

6）在 Simulink 中测试控制器。

7）将控制器包含在 GH Bladed 外部控制器中。

8）使用设计的两个 MISO H_∞ 控制器来模拟 GH Bladed 非线性模型。

9）将时域结果和频域结果与基线传统控制器进行比较。

10）与基线控制策略做比较，分析所提出控制策略的疲劳负载和极限负载的减小。

10.5.2 发电机转矩控制器（H_∞ 转矩控制器）

我们设计的基于 H_∞ 范数约简的发电机转矩控制器解决了 10.4 节提出的两个控制目标：

1）在传动系统模式 M_{DT} 上减小风效应。

2）在塔架侧向模式 M_{Tlss} 上减小风效应。

设计此控制器，混合灵敏性问题［见式（10-7）］将被解决。在风速为 19m/s 的运行点选择了标称设备 $G(s)$，同时它具有一个输入 T（发电机转矩），两个输出 w_g 和 a_{Tss}，以及 55 个状态（见图 10-5）。图 10-6 中，$G_{11}(s)$ 是具有发电机转矩输入和发电机转速输出的设备，而 $G_{12}(s)$ 是具有发电机转矩输入和一个塔架侧向加速度输出的设备。p_1和 p_2 是设备的干扰输出，u 是控制信号，y_1 和 y_2 是控制器输入，而 $Z_{p_{11}}$、$Z_{p_{12}}$、Z_{p_2}、$Z_{p_{31}}$和 $Z_{p_{32}}$ 是性能输出。使用常数 D_u、D_{e_1}、D_{e_2}、D_{p_1} 和 D_{p_2} 对这个混合灵敏度问题的增广进行了测量［见式（10-8）］。

$$
\begin{pmatrix} Z_{p_{11}} \\ Z_{p_{12}} \\ Z_{p_2} \\ Z_{p_{31}} \\ y_1 \\ y_2 \end{pmatrix} = \begin{pmatrix} -\dfrac{D_{p_1}}{D_{e_1}} \cdot W_{11} & 0 & \dfrac{D_u}{D_{e_1}} \cdot G_{11}(s) \cdot W_{11} \\[2ex] 0 & -\dfrac{D_{p_2}}{D_{e_2}} \cdot W_{12} & \dfrac{D_u}{D_{e_2}} \cdot G_{12}(s) \cdot W_{12} \\[2ex] & & W_2 \\[1ex] 0 & 0 & \dfrac{D_u}{D_{e_2}} \cdot G_{11}(s) \cdot W_{31} \\[1ex] 0 & 0 & \dfrac{D_u}{D_{e_1}} \cdot G_{12}(s) \cdot W_{32} \\[2ex] -\dfrac{D_{p_1}}{D_{e_1}} & 0 & \dfrac{D_u}{D_{e_2}} \cdot G_{11}(s) \\[2ex] 0 & -\dfrac{D_{p_2}}{D_{e_2}} & \dfrac{D_u}{D_{e_2}} \cdot G_{12}(s) \end{pmatrix} \cdot \begin{pmatrix} p_1 \\ p_2 \\ u \end{pmatrix} \qquad (10\text{-}7)
$$

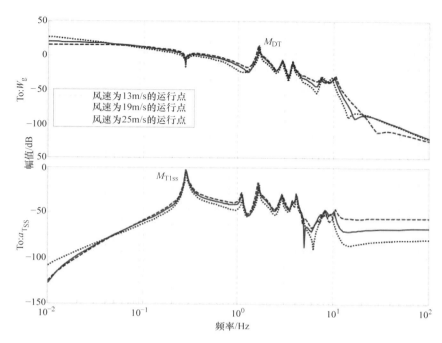

图 10-5　用于 H_∞ 转矩控制器设计的设备族

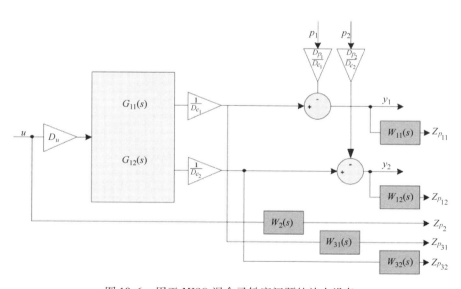

图 10-6　用于 MISO 混合灵敏度问题的放大设备

　　由于在高于额定区域内传动系统和塔架模式的频率没有明显变化，所以在混合灵敏度问题中不考虑这个设备族的不确定性。没有使用权重函数［见式（10-9）］中的 W_{31}

和 W_{32}，所以它们的值是 1，以便能在 MATLAB Robust Toolbox 中不考虑它们[20]。W_{11} 是位于 M_{DT} 频率中心的反相陷波滤波器，而 W_{12} 是位于 M_{T1ss} 频率中心的另一个反相陷波滤波器。W_2 是一个反相低通滤波器，用于降低控制器在高频率时的活动（见图 10-7）：

$$D_u = 90 ; D_{e_1} = 0.1 ; D_{e_2} = 1 ; D_{p_1} = 0.1 ; D_{p_2} = 1 \tag{10-8}$$

$$W_{11}(s) = \frac{(s^2 + 6.435s + 104.9)}{(s^2 + 0.1416s + 104.9)}$$

$$W_{12}(s) = \frac{(s^2 + 9.984s + 3.117)}{(s^2 + 0.04437s + 3.117)}$$

$$W_2(s) = \frac{3000(s + 5.027)}{(s + 6.823e5)} \tag{10-9}$$

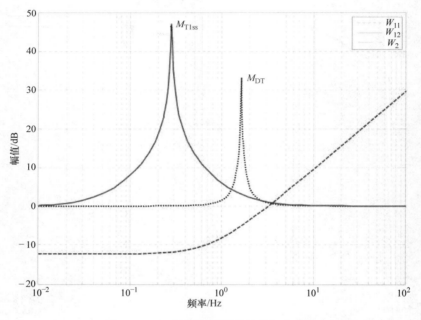

图 10-7 H_∞ 转矩控制器设计的权重函数

在控制器的合成后，必须对获得的控制器（见图 10-8）进行重新调整，以便将输入和输出调整为真正的非比例设备。所得到的控制器的阶数为 39，最后，控制器的阶数被减小到 25，并采用 0.01s 的采样时间对其进行离散化。离散控制器是由以下状态空间矩阵来表示。它们分别是 ATD、BTD、CTD 和 DTD［见式（10-10）］：

$$X_{TD}(k+1) = A_{TD} \cdot X_{TD}(k) + B_{TD} \cdot \begin{pmatrix} e_{wg}(k) \\ a_{Tss}(k) \end{pmatrix} \tag{10-10}$$

$$T_{H_\infty}(k) = C_{TD} \cdot X_{TD}(k) + D_{TD} \cdot \begin{pmatrix} e_{wg}(k) \\ a_{Tss}(k) \end{pmatrix}$$

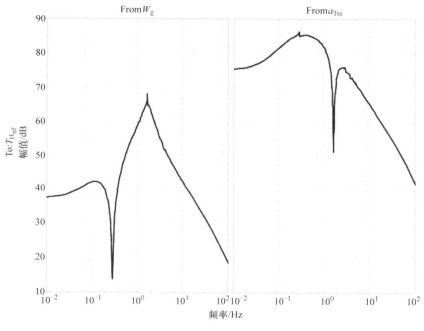

图 10-8　H_∞ 转矩控制器

10.5.3　总体桨距角控制器（H_∞ 变桨距控制器）

总体变桨距 H_∞ MISO 控制器解决了其他的控制目标：

1）发电机转速控制增加了闭环干扰衰减带宽。

2）在塔架前后模式上减小风效应。

3）在控制器动态特性中加入特定频率的陷波滤波器，以减小标称设备中的其他激励频率（见表 10-2）。

表 10-2　在 H_∞ 变桨距控制器中陷波滤波器的频率

模式	频率/Hz
1P	0.20
3P	0.60
M_{T2ss}	2.86
M_{Rlip}	3.69
M_{R2ip}	7.36

为开发这个控制器，另一个混合灵敏度问题被提了出来。在这种情况下，对于风速为 19m/s 的运行点，选择了标称设备 $G_1(s)$（见图 10-9），它具有一个输入 β（总体桨距角）、两个输出（w_g 和 a_{Tfa}）。同时考虑由前面设计的 H_∞ MISO 控制器所引起的耦合。$G_{11}(s)$ 是具有总体变桨距输入和发电机转速输出的设备，而 $G_{12}(s)$ 是具有总体变桨距输

入和塔架顶部前后加速度输出的设备。这种控制方案具有新的比例常数［见式（10-11）］。同时由于在高于额定区域内线性设备随着运行点变化而产生的变化，可认为设备族是一种附加不确定性模型：

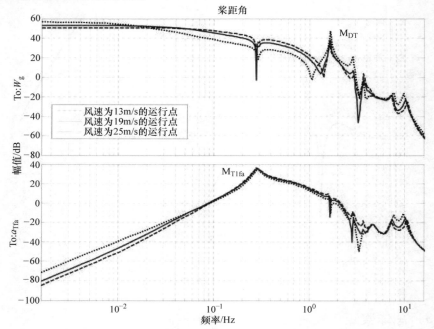

图 10-9　用于 H_∞ 变桨距控制器设计的设备族

$$D_u = 1; D_{e_1} = 10; D_{e_2} = 0.1; D_{p_1} = 10; D_{p_2} = 0.1 \tag{10-11}$$

　　关于这个混合灵敏度问题的权重函数［见式（10-12）］，W_{11} 是一个反相高通滤波器，它决定了输出灵敏度函数的期望分布。W_{12} 是一个以 M_{T1fa} 为中心的陷波滤波器，而 W_2 是一个反相低通滤波器，被用于降低控制器在高频率段的活动，其包含以激励为中心的一些反相陷波滤波器（见表10-2），在变桨距控制器动态特性中包含陷波控制器（见图10-10）。

$$W_{11}(s) = \frac{(s + 125.7)}{(s + 6.283e - 5)}$$

$$W_{12}(s) = \frac{(5s^4 + 5.733s^3 + 31.58s^2 + 18s + 49.28)}{(s^4 + 0.3117s^3 + 6.288s^2 + 0.9786s + 9.856)}$$

$$W_2(s) = \frac{200000(s + 628.3)(s^2 + 0.1005s + 1.579)(s^2 + 0.3016s + 14.21)}{(s + 6.283e5)(s^2 + 0.02011s + 1.579)(s^2 + 0.06032s + 14.21)}$$

$$\cdot \frac{(s^2 + 1.438s + 322.9)(s^2 + 1.885s + 537.5)(s^2 + 3.7s + 2139)}{(s^2 + 0.2875s + 322.9)(s^2 + 0.371s + 537.5)(s^2 + 0.7399s + 2139)}$$

$$\tag{10-12}$$

　　上限不确定性模型 IncUpp 的增益受到 W_2 权重函数的约束（见图10-8），这是为保

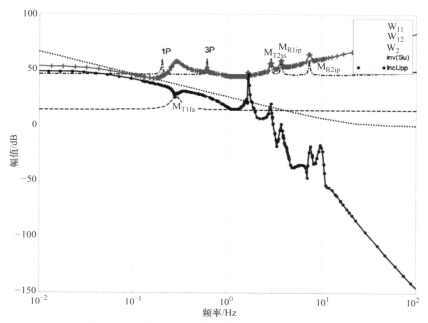

图 10-10　用于 H_∞ 变桨距控制器设计的权重函数

证鲁棒控制器的设计。在尺度变换后获得的控制器（见图 10-11），它原来的阶是 45，现在减小到 24，并且使用 0.01s 的采样时间进行了离散化。离散控制器是由状态空间矩阵 A_{BD}、B_{BD}、C_{BD} 和 D_{BD} 来表示的 [见式（10-13）]：

$$X_{BD}(k+1) = A_{BD} \cdot X_{BD}(k) \cdot B_{BD} \cdot \begin{pmatrix} e_{wg}(k) \\ a_{Tfa}(k) \end{pmatrix}$$

$$\beta_{H_\infty}(k) = C_{BD} \cdot X_{BD}(k) \cdot D_{BD} \cdot \begin{pmatrix} e_{wg}(k) \\ a_{Tfa}(k) \end{pmatrix} \tag{10-13}$$

10.5.4　H_∞ 控制算法的分析

发电机转速控制中的增益变化仅在控制器鲁棒性分析中考虑，这是因为对于逆风型模型塔架和传动系统模式在高于额定区域中具有恒定的频率。由于上限不确定性模型 IncUpp 的增益受到控制灵敏度函数 $S_u^{[21]}$ 的反函数的限制，所以控制器的鲁棒性是有保证的（见图 10-10）。为了比较我们设计的控制器和基线控制器的响应，在高于额定区域内考虑两种控制算法：

● C1：具有激活传动系统阻尼滤波器和塔架前后阻尼滤波器的基线控制策略（见图 10-3）。

● C2：提出了有关 H_∞ MISO 控制器的控制策略。

利用 C2 控制策略，在不同的运行点上发电机转速对衰减带宽 DABW 的干扰要高于利用基线控制策略的情况（见表 10-3），而在设计风速为 19m/s 的正常运行点附近发电机转速对衰减峰值 DAP 的干扰比较小。对于我们设计的控制器的标称设备，发电机转速输出灵敏度函数（见图 10-13）显示了控制发电机转速输出的峰值和带宽对发电机转速输出的干扰。这个灵敏度函数清楚地显示了使用 C2 控制策略后带宽的增加。这些改进对降低极端负载是有意义的，如 10.6 节所示。减小风对 M_{DT} 传动系统模式的影响对于控制策略设计是至关重要的，因此首先对它进行了设计。在风效应影响中，这种模式的减小出现在风力机的不同部分中，这是由于该模式在系统中的硬耦合所致。例如，图 10-12 显示了设备 M_{DT} 的减缓，它涉及发电机转速对一个桨距角输入的频率响应。图 10-14 显示了对于一种风输入的塔架侧向加速度的频率响应，在这里它与没有控制系统的设备相比在使用了 C1 和 C2 控制策略后，传动系统模式得到明显缓解。

表 10-3　发电机转速干扰衰减的比较

运行点风速/(m/s)	C1		C2	
	DABW/Hz	DAP/dB	DABW/Hz	DAP/dB
13	0.037	6.06	0.035	3.35
15	0.045	6.06	0.044	3.59
17	0.052	6.09	0.057	4.31
19	0.058	6.31	0.070	5.29
21	0.061	6.00	0.078	5.78
23	0.065	6.05	0.089	6.70
25	0.069	6.04	0.107	84

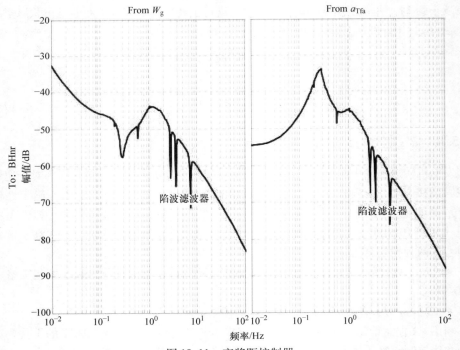

图 10-11　变桨距控制器

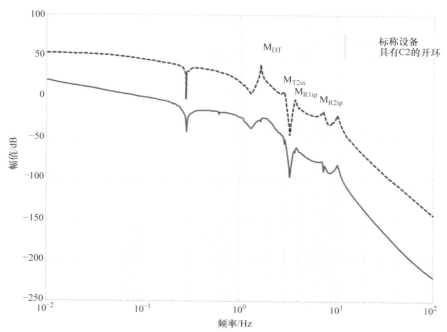

图 10-12　在开环中变桨距控制器陷波滤波器的影响

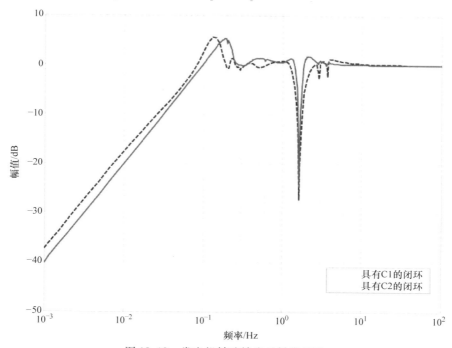

图 10-13　发电机转速输出灵敏度函数

为了分析由于在其他模式中使用 H_∞ 控制策略减小风的影响而导致的前后和侧向塔架加速度的减小，我们对两种控制策略在时域和频域上进行了闭环响应分析。对于风输入的塔架顶部侧向加速度（见图10-14）在 M_{T1ss} 频率处使用 C2 控制策略后被减小，但当使用 C1 控制策略时，这种模式不被减小，因为它不是为此设计的。这个频率下增益的降低涉及时域内塔架侧向加速度的降低（见图10-14）。对于风力输入，塔架顶部前后加速度的频率响应（见图10-15）在 M_{T1fa} 频率上使用 C1 和 C2 控制策略时被减小。这

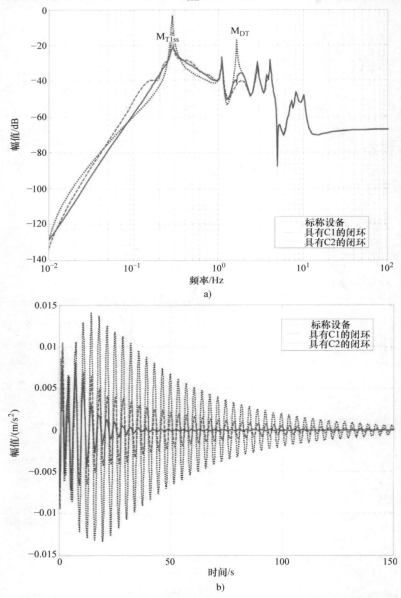

图 10-14　对于风输入，塔架顶部侧向加速度响应：a）频域响应；b）时域风阶跃响应

种模式在逆风型模型中并不是非常令人激动，但是这种减小在其他的风力机模型中可能会更加有用。在 M_{T1fa} 模式的峰值的增益减小涉及一种时域中塔架前后加速度的振幅的减小。M_{T1fa} 和 M_{T1ss} 频率上增益的减小对于减小塔架上 y 轴和 x 轴上的动量是非常重要的，而动量的减小意味着塔架负载的减轻。

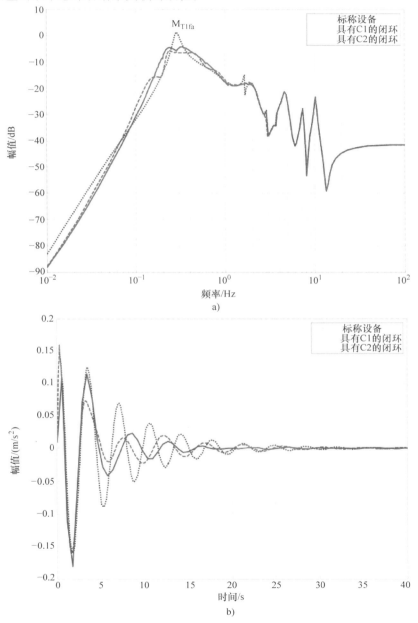

图 10-15　对于风输入，塔架顶部前后加速度响应：a）频域响应；b）时域风阶跃响应

最后，使用了包括在变桨距控制器动态特性中的陷波滤波器，以减小其他出现在设备中的激励频率，而这些设备与桨距角和发电机转速相关。这种设备中（见图 10-12），对于风速为 19m/s 的运行点，结构模式 M_{T2ss}、M_{R1ip} 和 M_{R2ip} 被激发，并且使用了 H_∞ 控制策略来减小它们。在频率 1P 和 3P 处（叶片通过频率）陷波滤波器的效果仅在时域仿真的频率分析中观察到，这是因为在这些频率中的激励不会在从 GH Bladed 得到的线性设备中表现出来。

10.6　GH Bladed 的结果

10.6.1　GH Bladed 中的 External Controller

在 GH Bladed 中的 External Controller 里包含了两个 H_∞ MISO 控制器，它们利用逆风型风力机非线性模型进行时域仿真。External Controller[22] 是 GH Bladed 中用于控制风力机非线性模型的编程代码的名称。GH Bladed 调用 External dynamic library . dll，其频率是由控制策略的采样时间决定的。External Controller 包含了 C1 和 C2 控制策略，这样就能在高于额定发电区域执行控制策略。然而，在低于额定区域和过渡区域控制策略与基线控制策略是相同的，它在 10.3 节中已经给出了描述。为了能更真实地比较在高于额定区域使用 C1 控制策略的结果和 C2 控制策略的结果，C2 控制策略被分为了两种情况：

- C2.1：测量塔架顶部侧向加速度的加速度计被禁用。这样做是为了比较 C1 控制策略和 C2 控制策略，而没用塔架侧向阻尼。
- C2.2：塔架顶部侧向加速度被激活，并且 C2 控制策略是在没有传感器信号的情况下工作的（见图 10-4）。

在基于 H_∞ MISO 离散控制器的控制策略中，对每个采样时间（0.01s）计算了控制信号。用采样时间状态的当前向量来表示控制器动态特性的状态表达式。在参考了风力机制造商提供的资料后，就可以选定采样时间了。计算控制器输出的策略分为四个步骤：

1）从静态库初始化控制器状态空间矩阵 A、B、C 和 D，并初始化实际状态向量 $X(k)$。

2）为更新控制器输入 $e(k)$ 的当前向量，从传感器读取了风力机的测量值。

3）使用矩阵 C、D 和控制器输入 $e(k)$ 及状态 $X(k)$ 的当前向量来计算当前控制器的输出向量 $u(k)$。

4）使用矩阵 A、B 和实际的输入向量 $e(k)$ 及实际的状态向量 $X(k)$，来计算下一个采样时间上控制器的状态 $X(k)$ 的向量。在下一个采样时间中，这个控制器状态向量将是控制器状态的当前向量。

10.6.2　疲劳分析（IEC61400 – 1 第 2 版中的 DLC1.2）

雨流计数算法[23,24] 用于分析设计控制器的负载降低能力。使用该算法进行疲劳分析以确定风力机部件的疲劳损伤。疲劳损伤分析也被称为载荷等效分析，其步骤如下：

1）利用非线性风力机模型和所设计控制器进行时域仿真。使用平均风速从 3m/s 到 25m/s 间的奇数，进行了 600s 的 12 次仿真。

2）利用 MATLAB 中的工具箱[25]对部分负荷信号进行时间仿真（固定轮毂 M_x、固定轮毂 M_y、塔架基座 M_x、塔架基座 M_y、叶片 M_{Flap} 和叶片 M_{Edge}），对雨流计数算法（每个测量变量一个）进行分析。

3）为获得每种仿真风况下，每种材料的等效负载 L_{eq}［见式（10-14）］。材料是由 m 值定义的。m 是材料的 SN 曲线的斜率，其中 S 是疲劳强度，N 是故障周期数。周期数 N_i 和周期振幅 L_i 是从雨流计数中提取的，N_{rd} 是时域仿真的点数。对于玻璃纤维材料，$m = 10$，对于球墨铸铁 $m = 7$，对于焊接钢 $m = 3$：

$$L_{eq} = \left(\frac{\sum (n_i \cdot L_i)}{N_{rd}} \right)^{\frac{1}{m}} \tag{10-14}$$

4）12 次仿真必须被考虑，以便能计算每种材料总的负载等效。负载等效指的是对每种风和每种材料计算 Weibull 分布 W_{eqm}［见式（10-15）］。对于一种材料的总的负载等效 L_{eqw} 指的是对具有 W_{eqm} 的和的 Weibull 分布的计算。W_c 是 Weibull 分布的参数，s_{life} 是风力机的标准寿命（20 年），t_{sim} 是在这个负载等效分析中考虑变量时的仿真时间：

$$w_{eqm} = L_{eq}^m \cdot w_c \cdot s_{life}/t_{sim} \tag{10-15}$$

$$L_{eq} = \left(\sum w_{eqm} \right)^{1/m} \tag{10-16}$$

5）在两个比较负载等效分析中比较风力机寿命变化 $comp_{life}$［见式（10-17）］。L_{eqw1} 是对于 12 次仿真的总负载等效值，而 L_{eqw2} 是对于 12 次仿真的其他总负载等效值：

$$comp_{life} = \frac{s_{life}}{\left(\dfrac{L_{eqw1} - L_{eqw2}}{100} \right)^m} \tag{10-17}$$

在图 10-17 中，在湍流产生的 19m/s 的风速（见图 10-16）下，使用 C1、C2.1 和 C2.2 控制策略对控制信号（发电机转速和电功率）进行了比较。发电机转速被控制在 1173r/min，并且电功率为 5MW 左右。功率谱密度（PSD）进行时域仿真的频率分析。在图 10-18 中，比较了控制信号（总体桨距角和发电机转矩）。时域仿真显示了利用 C2.1 和 C2.2 控制策略的桨距角的快速响应以及 C2.2 控制策略的转矩贡献信号来减小塔架上的侧向位移。图 10-19 显示了在塔基 M_y 动量中，塔架前后模式上风力影响的减小。并且显示了塔基 M_x 动量中，塔架侧向模式和传动系统模式上风力影响的减小。

最后，通过负载等效分析的结果对风力机各部件进行了疲劳损伤分析。表 10-4 显示了控制策略在逆风型模型中不同组件上负载减小的百分比。C1 是比较了 C2.1 和 C2.2 控制策略对负载的减小后得出的参考策略。针对风力机商业公司常用的三种材料常数 m 计算出了结果。如果 $m = 3$，使用两个 H_∞ MISO 控制器，在固定轮毂 M_x 动量中使用 C2.2 控制策略时负载减小 0.4%，使用 C2.1 控制策略时负载减小 4.8%；在塔基 M_x 动量中，考虑 C1 基线控制器，使用 C2.2 控制策略时负载减小 4.7%，使用 C2.1 策

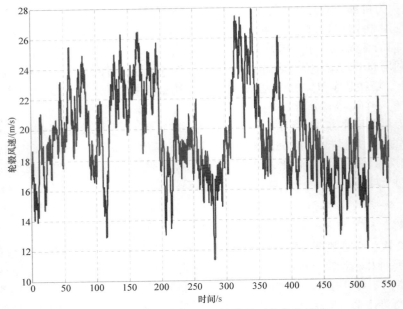

图 10-16　对于产生 19m/s 湍流风时的轮毂风速

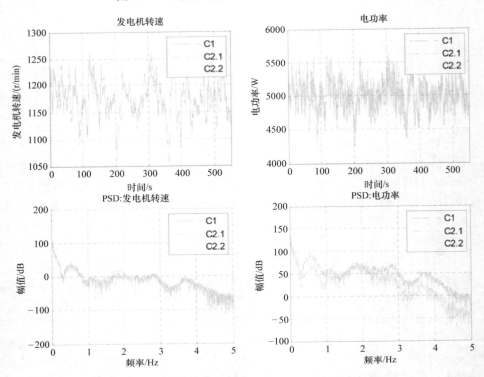

图 10-17　在湍流产生的风速为 19m/s 时，发电机转速和电功率

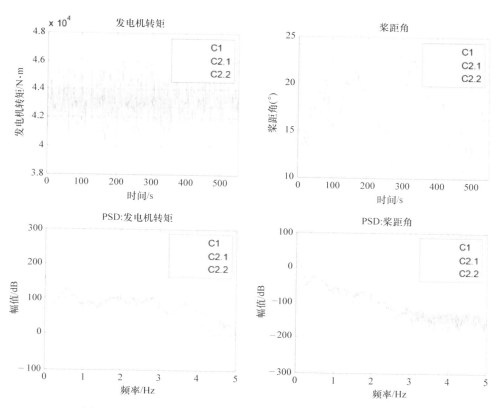

图 10-18　在湍流产生的风速为 19m/s 时，发电机转矩和桨距角

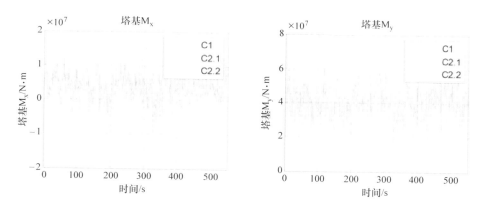

图 10-19　在湍流产生的风速为 19m/s 时，塔基的负载

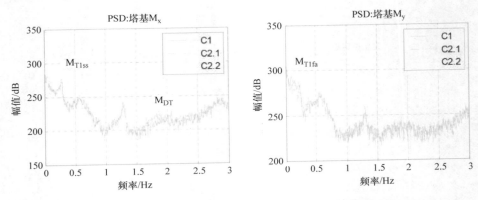

图 10-19 在湍流产生的风速为 19m/s 时，塔基的负载（续）

略减小 5.2%。如果 $m=9$，在固定轮毂 M_x 动量中，负载减小 3.1%，在塔基 M_x 动量中负载减小 19.6%，在塔基 M_y 动量中利用 C2.2 控制策略动量减小 8.8%。另一方面，如果 $m=9$，利用 C2.1 控制策略，在固定轮毂 M_x 动量中，负载减小 4.2%，塔基 M_x 动量中减小 -0.1%，而塔基 M_y 动量中减小 10.9%。如果 $m=12$，利用 C2.2 控制策略，在固定轮毂 M_x 动量中负载减小 2.9%，在塔基 M_x 动量中减小 19.2%，而在塔基 M_y 动量中减小 10.6%。对于这个 m 值，使用 C2.1 控制策略，在固定轮毂 M_x 动量中负载减小 4.0%，在塔基 M_x 动量中减小 -0.2% 而在塔基 M_y 动量中减小 13.6%。我们不应该考虑小于 0.4% 的负载减小数值，因为这样的数值可能是由负载等效算法中数学计算精度所引起的。

表 10-4 负载等效分析的比较

	m	C1 − C2.1（%）	C1 − C2.2（%）
固定轮毂 M_x	3	4.8	0.4
	9	4.2	3.1
	12	4.0	2.9
固定轮毂 M_y	3	0.2	0.2
	9	0.9	1
	12	1.2	1.5
齿轮箱转矩	3	4.8	0.4
	9	4.2	3.1
	12	4.0	2.9
塔基 M_x	3	2.6	13.4
	9	−0.1	19.6
	12	−0.2	19.2
塔基 M_y	3	5.2	4.7
	9	10.9	8.8
	12	13.6	10.6
叶片 1 M_{Flap}	3	0.1	−0.2
	9	0.1	−0.1
	12	0.1	−0.2
叶片 1 M_{Edge}	3	0	0.1
	9	0	0
	12	0	0

在这些仿真中，在风轮平面第一 FW 模式 M_{R1ipfw}（1.2Hz）中有一个激励。在一个风力机系统中从负载减小的角度来看，这种激励并不重要，正如在负载等效分析中所证实的那样。引起这种激励的原因是转矩控制器的带宽。在传动系统模式 M_{DT}（1.6Hz）和塔架第一侧向模式 M_{T1ss}（0.28Hz）中转矩控制器减小了风效应。从塔架顶部侧向加速度到转矩设定点值的转矩 H_∞ MISO 控制器（见图 10-8）动态地在 0.2～1.6Hz 之间的频率范围内引入高增益，从而在平面第一 FW 模式上产生激励。为减小这种激励，在用于设计转矩控制器的权重函数 W_2 中必须包括风轮平面第一 FW 频率的陷波滤波器。

10.6.3 极端负载分析（IEC61400-1 第 2 版中的 DLC1.6）

极端负载 DLC1.6 分析研究了极端阵风不同类型的系统响应。这个分析被分为三个不同的步骤：

1）利用非线性风力机模型和 C1、C2 两种不同的控制策略来进行时域仿真。已经对不同类型的阵风进行了六次仿真。这些阵风被称为 Vr-0、Vr-p、Vr-n、Vout-0、Vout-p、Vout-n。

2）分析六次仿真并提取发电机转速信号和一些动量（塔基 M_x、塔基 M_y、塔基 M_{yx}、轮毂总弯矩 M_{yz}、叶片 M_{Flap} 和叶片 M_{Edge}）。

3）在基线 C1 控制策略的基础上比较使用 C2 控制策略时的最大值。

其他的极端负载情况（例如 IEC61400-1 第 2 版中的 DLC1.5 情况）未被考虑在内，因为特别是那些结果依赖于停止策略的情况，它们尚未被实施。此外，在发电机超速的情况下，监控中停止风力机的安全控制策略还未开发。本章只说明在高于额定区域内所开始的 C1 和 C2 控制策略的响应而不考虑任何安全策略。

在表 10-5 中总结了极端负载 DLC1.6 的分析结果。基于 H_∞ 范数约简的 C2.1 和 C2.2 控制策略可比基线控制策略 C1 得到更好的结果。与 C1 控制策略相比，使用 C2.2 后，发电机最大转速值降低了 7.8%，塔基 M_x 动量减小了 7.8%，而叶片 M_{Edge} 动量减小了 26.3%。当使用 C2.2 控制策略时，塔基 M_y 动量，塔基 M_{xy} 动量和轮毂总弯度 M_{yz} 动量都减小了大约 1.5%。在使用 C2.1 时，发电机最大转速值减小了 7.8%，塔基 M_x 动量没有减小，而叶片 M_{Edge} 动量减小了 25.9%。然而，塔基 M_y 动量、塔基 M_{xy} 动量和轮毂总弯度 M_{yz} 动量在使用 C2.1 控制策略时没有明显减小。由于发电机转速输出干扰带宽的减小和该灵敏度函数峰值的减小，叶片 M_{Edge} 动量产生了明显的降低。如图 10-20 所示，在 GH Bladed 中使用 Vout-p 阵风作为输入，并使用 C1 控制策略的仿真结果，与用相同的风作为输入，使用 C2 控制策略，但不包括任何安全系统以避免发电机超速的结果做了比较。采用控制策略 C2 获得的发电机转速输出灵敏度函数的更高的带宽意味着总体桨距角信号的更快的响应和发电机转速最大值的持续降低。此外，利用 H_∞ 控制器来减缓发电机转速的变化是减缓叶片 M_{Edge} 动量极端负载的主要原因。利用 H_∞ 控制策略减小极端负载的最有用的优点是避免用于停止风力机的特殊安全策略的激活。通常情况下，当发电机的转速高于临界值时，这些特殊的安全策略被激活，并且这涉及风力机电功率的损耗和临界瞬间负载的增加。

表 10-5　极端负载分析的比较

	C1	C2.1	C1 – C2.1（%）	C2.2	C1 – C2.2（%）
发电机转速	1589r/min	1464r/min	7.86	1465r/min	7.8
塔基 M_x	29278kNm	29285kNm	0.02	26983kNm	7.8
塔基 M_y	158258kNm	155500kNm	1.74	155473kNm	1.7
塔基 M_{xy}	158311kNm	155500kNm	1.77	155555kNm	1.7
轮毂总弯度 M_{yz}	12991kNm	12780kNm	1.62	12817kNm	1.3
叶片 M_{Flap}	18341kNm	18400kNm	– 0.32	18355kNm	– 0.07
叶片 M_{Edge}	9946kNm	7366kNm	25.94	7327kNm	26.3

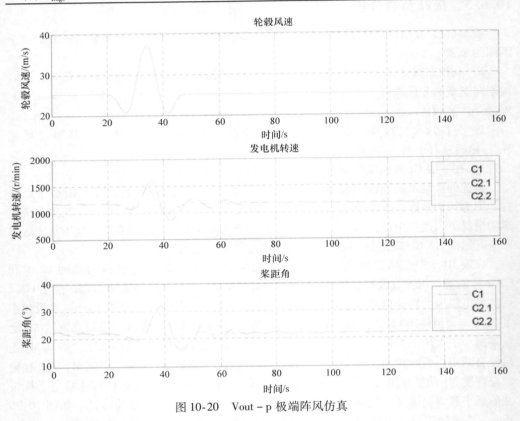

图 10-20　Vout – p 极端阵风仿真

10.7　总结

在本章中所做的工作可以总结如下：

1）利用 GH Bladed 4.0 软件包开发了海上逆风型 5MW 风力机模型。

2）定义了一个传统的风力机控制策略，并将其作为与新开发的控制器策略相比较的基准控制器。

3）在 GH Bladed 中定义和验证了基于 H_∞ 控制器的控制策略的新设计过程。新的控制策略应用于风力机中高于额定发电区域。使用了 GH Bladed 4.0 软件包的闭环仿真结果显示，与传统的基准控制策略相比，所需组件（塔架和传动系统）的疲劳负载降低了。使用我们所设计的 H_∞ 控制器，DLC1.6 的情况不仅出现在塔架中，还出现在了三个叶片中。由于一些有趣的特性，利用 H_∞ 控制器获得的结果从负载减小的角度来看具有以下的一些突出的优点：

- 发电机转速输出干扰带宽的衰减高于使用传统控制策略所获得的衰减。
- 发电机转速输出干扰峰值的衰减高于使用传统控制策略所获得的衰减。
- 我们所提出的基于 H_∞ 范数约简的控制策略考虑了风力机系统之间的耦合。设计的控制器是多变量和多目标的。
- 由于应用于 H_∞ 控制器的小增益定理的特征，保证了控制器的鲁棒性。
- 动态使用混合灵敏度问题的修正定义，一些陷波滤波器会被包含在控制器中。这对于减小非期望频率上的激励模式非常有用。

参 考 文 献

1. Caselitz, P.; Geyler, M.; Giebhardt, J.; Panahandeh, B. Hardware-in-the-Loop development and testing of new pitch control algorithms. In Proceeding of European Wind Energy Conference and Exhibition (EWEC), Brussels, Belgium, March 2011; pp. 14–17.

2. Johnson, K.E.; Pao, L.Y.; Balas, M.J.; Kulkarni, V.; Fingersh, L.J. Stability analysis of an adaptive torque controller for variable speed wind turbines. In Proceeding of IEEE Conference on Decision and Control, Atlantis, Bahamas, December 2004; pp. 14–17.

3. Nourdine, S.; Díaz de Corcuera A.; Camblong, H.; Landaluze, J.; Vechiu, I.; Tapia, G. Control of wind turbines for frequency regulation and fatigue loads reduction. In Proceeding of 6th Dubrovnik Conference on Sustainable Development of Energy, Water and Environment Systems, Dubrovnik, Croatia, September 2011; pp. 25–29.

4. Wright, A.D. Modern Control Design for Flexible Wind Turbines; NREL/TP-500-35816; Technical Report for NREL: Colorado, CO, USA, July 2004.

5. Wright, A.D.; Fingersh, L.J.; Balas, M.J. Testing state-space controls for the controls advanced research turbine. In Proceeding of 44th AIAA Aerospace Sciences Meeting and Exhibit, Reno, NV, USA, January 2006; pp. 9–12.

6. Sanz, M.G.; Torres, M. Aerogenerador síncrono multipolar de velocidad variable y 1.5 MW de potencia: TWT1500. Rev. Iberoamer. Autom. Informát. 2004, 1, 53–64.

7. Bianchi, F.D.; Battista, H.D.; Mantz, R.J. Wind turbine control systems. In Principles, Modelling and Gain Scheduling Design; Springer-Verlag: London, UK, 2007.

8. Geyler, M.; Caselitz, P. Robust multivariable pitch control design for load reduction on large wind turbines. J. Sol. Energy Eng. 2008, 130, 12.

9. Fleming, P.A.; van Wingerden, J.W.; Wright, A.D. Comparing state-space multivariable controls to multi-siso controls for load reduction of drivetrain-coupled modes on wind turbines through field-testing. NREL/CP-5000-53500; NREL: Colorado, CO, USA, 2011.

10. Jonkman, J.; Butterfield, S.; Musial, W.; Scott, G. Definition of a 5 MW Reference Wind Turbine for Offshore System Development; NREL/TP-500-38060; Technical Report for NREL: Colorado, CO, USA, February 2009.

11. Upwind Home page. Available online: http://www.upwind.eu (accessed on 12 December 2011).

12. Bossanyi, E.A. The design of closed loop controllers for wind turbines. Wind Energy 2000, 3, 149–163.

13. Bossanyi, E.A. Controller for 5 MW reference turbine. In European Upwind Project Report; Garrad Hassan & Partners Ltd.: Bristol, UK, 2009. Available online: http://www.upwind.eu (accessed on 12 December 2011).

14. Wright, A.D.; Fingersh, L.J. Advanced Control Design for Wind Turbines Part I: Control Design, Implementation, and Initial Tests; NREL/TP-500-42437; NREL: Colorado, CO, USA, 2008.

15. Bossanyi, E.A. Wind turbine control for load reduction. Wind Energy 2003, 6, 229–244.

16. Van der Hooft, E.L.; Schaak, P.; van Engelen, T.G. Wind Turbine Control Algorithms; DOWEC-F1W1-EH-03094/0; Technical Report for ECN: Petten, The Netherlands, 2003.

17. Wright, A.D.; Balas, M.J. Design of controls to attenuate loads in the controls advanced research turbine. J. Sol. Energy Eng. 2004, 126, 1083.

18. Hau, M. Promising Load Estimation Methodologies for Wind Turbine Components; Technical Report for European Upwind Project; ISET, Kassel, Germany, 2009. Available online: http://www.upwind.eu (accessed on 12 December 2012).

19. Bossanyi, E.A.; Ramtharan, G.; Savini, B. The importance of control in wind turbines design and loading. In Proceedings of the 17th Mediterranean Conference on Control & Automation, Thessaloniki, Greece, June 2009; pp. 24–26.

20. Balas, G.; Chiang, R.; Packard, A.; Safonov, M. MATLAB robust control toolbox. In Getting Started Guide; The MathWorks, Inc.: Natick, MA, USA, 2009.

21. Doyle, J.C.; Francis, B.A.; Tannenbaum, A.R. Feedback Control Theory; MacMillan: Toronto, Canada, 1992.

22. Bossanyi, E.A. Bladed User Manual; Garrad Hassan & Partners Ltd.: Bristol, UK, 2009.

23. Frandsen, S.T. Turbulence and Turbulence Generated Structural Loading in Wind Turbine Clusters. Ph.D. Thesis, Technical University of Denmark, Roskilde, Denmark, 2007.

24. Söker, H.; Kaufeld, N. Introducing low cycle fatigue in IEC standard range pair spectra. In Proceeding of 7th German Wind Energy Conference, Wilhelmshaven, Germany, October 2004; pp. 20–21.

25. MATLAB Rainflow Counting Algorithm Toolbox. Available online: http://www.mathworks.com/ MATLABcentral/fileexchange/3026 (accessed on 12 December 2011).

第5部分

环境问题

第 11 章

大型风力机的电磁干扰

Florian Krug, Bastian Lewke

11.1 简介

风力机（WT）上的电磁干扰（EMI）主要是由三种机制引起的，即近场效应、衍射和反射/散射[1-4]。近场效应指的是由于发电机和风力机的机舱或轮毂中的开关组件发射的电磁场而引起的风力机对无线电信号干扰的潜在可能。当物体阻挡在波的行进路径中而改变了前进波前时就发生了衍射。当物体不仅反射了信号的一部分，还吸收信号时，则会出现衍射效应。当风力机反射或阻碍发射器和接收器之间的信号时，就发生了反射/散射干扰。当风力机的旋转叶片接收一个主发射信号时它们就会发生，并且它们是在用于产生和发射散射信号时发生的。在这种情况下，接收器可能同时拾取两个信号，其散射信号会引起电磁干扰，这是因为与主信号相比，它会在时间上延迟（失相）或失真。

对于一台风力机的电磁场分布的其他重要事件是雷电冲击[5]。这些雷电事件对风力机中电子系统有很大的影响。由于对于风力机的有效性要求越来越高，于是在大型风力机上就生产了一种趋势，这种趋势是其电子监控设备越来越复杂[6,7]。风力机的控制通信技术是通过低带宽集电环及轮毂和机舱间的主轴来实现的。增加电子设备使用量的趋势导致了对更高通信带宽的要求。无线通信链路为这个问题提供了一种解决方案。为避免运营商和控制系统间的通信损失，就引出了备份通信系统的问题。安装在轮毂上的GSM 收发器备份系统允许操作员访问控制系统，甚至在通过机舱发生通信损失的情况下也可进行。为了优化风力机中的这种电子系统，EMI 分析是必须的。另一方面，为了证明这种复杂的模型，利用像时域测量原理这样的高效测量方法可以让我们更深刻的理解 EMI 对电力系统的影响[8]。

本章介绍了风力机中电磁干扰的一般情况，还介绍了保护方法和测量技术。作为风力机发射电磁干扰的一个例子，通过矩量法分析了风力机轮毂上的 GMS 900MHz 发射器引起的电磁场。发射器作为轮毂控制系统中的通信备份系统。

11.2 干扰的分类

来自于被测设备（EUT）的电磁干扰源取决于测试设备的频率、时间和几何结构（位置、距离和方向）。我们可以根据接收器的干扰带宽对干扰进行分类[9,10]，见表 11-1。

表 11-1　干扰特性

类型	描述	条件
A	连续窄带	$\Delta f_{\text{interference}} < \Delta f_{\text{receiver}}$
B	连续宽带	$\Delta f_{\text{interference}} < \Delta f_{\text{receiver}}$
C	脉冲调制窄带	脉冲持续和脉冲重复
D	脉冲宽带	脉冲持续和脉冲重复

此外，可以根据 EMI 信号的统计行为将 EMI 信号分类为随机信号和确定信号。随机信号可以进一步细分为稳态信号和非稳态信号[11]。在观测期间非稳态随机信号的统计特性可能会发生相当大的变化。确定信号可以是周期性的、准周期性的、非周期性的或是这些信号的组合。周期信号和准周期信号显示为线谱。瞬态是非周期信号。非周期信号显示为连续谱。最后，信号也可能是两个或更多个上述类型的组合。

11.3　风力机控制系统的 EMI 和屏蔽

风力机中受电磁场影响的关键要素是轮毂和机舱内部的控制系统。其中最重要的是变桨距控制系统，它可以对风力机的风轮进行必要的控制。

特别是对于作为电磁干扰源的雷电来说，对雷电电流重新定向使其绕过轮毂以及其电子装置，在目前尚无法达到。在参考文献 [12] 中对解决这个问题可能的工作进行了分析。

保护控制系统和电子电路不受电磁场影响的最好方法就是电磁屏蔽。它是电磁兼容性（EMC）领域中最重要的工具之一[13]。除了屏蔽设备外，通常还安装滤波器应用程序。由于电子设备，尤其是电子电路需要与它们的环境和操作者共享数据或电力，所以导体必须穿过屏蔽设备。因此，各种开孔（例如由于电缆连接件或通风槽等造成的孔）表现为屏蔽装置的弱点。电场和磁场能够穿透屏蔽空间。过电压和过电流会被感应到电路中，并且有可能导致电路元件的损坏。为了能详细说明对屏蔽效能的需求，可根据下式计算电场：

$$a_{\text{s}} = 20\log \left| \frac{E_{\text{o}}}{E_{\text{i}}} \right| \tag{11-1}$$

式中，下脚标 i 和 o 分别代表在相同空间位置中具有屏蔽装置和不具有屏蔽装置的电场强度。对于磁场，在式（11-1）中用磁场强度 H 代替了电场强度 E。根据屏蔽效能的值，在表 11-2 中给出了屏蔽分类的解释[13,14]。

表 11-2　根据参考文献 [13, 14]，阻尼强度和屏蔽效能的描述

阻尼	描述
0 ~ 10dB	非常低的阻尼；没有真正的电磁干扰屏蔽
10 ~ 30dB	最小的屏蔽；轻微的干扰可能被抑制
30 ~ 60dB	在高频范围内对一些小问题平均水平的屏蔽；在低频范围内的高屏蔽
60 ~ 90dB	对高频范围内问题的非常好的屏蔽
90 ~ 120dB	极好的屏蔽可以达到最大的屏蔽效能

11.4　风力机中电磁干扰的测量

11.4.1　电磁干扰测量的一般方面

由于新型电子快速发展，以及新兴技术的不断涌现，实现及提高电磁兼容性能力成为电子产品发展的一大挑战。EMC 和 EMI 测量设备可以在较短的测量时间内提取大量且准确的信息，从而降低成本并提高电路开发和系统开发的质量。在过去和现在，都是使用超外差无线电接收机来测量和表征无线电噪声和电磁干扰（EMI）。这种方法的缺点是，在 30MHz ~ 1GHz 频段上的测量时间相对较长，一般为 30min[15]。如此长的测量时间会导致高昂的测试成本，所以研究如何缩短测量时间而不损失质量是非常重要的。由于传统的测量系统不会评估测量的 EMI 信号的相位信息，所以重要的信息会丢失。

基于时域方法的新型 EMI 测量法有着一些优点。使用傅里叶变换进行时域电磁干扰（TDEMI）测量的数字处理，可以将测量信号分解为频谱分量[15]。由于使用快速傅里叶变换（FFT）的程序非常经济，这使得近年来对傅里叶技术的使用得到了迅速的增长。通常，EMI 测量的数字处理允许我们对各种常规相似设备的各种模式进行实时仿真，例如峰值、平均、方均根和准峰值检测器，同时还引入了新的分析概念，例如相位谱、短时谱、统计评估和基于 FFT 的时频分析方法。

除此之外，时域技术还展现出了额外的优势。由于时域技术允许并行处理整个信号频谱上的所有幅度和相位信息，所以测量时间可以减少至少一个数量级，并且所获得的信息远远超出传统模拟测量系统获得的信息。

11.4.2　在风力机上测量雷电产生的电磁干扰

由于雷击的电流峰值范围是从数十安到超过 250kA[16]，频谱范围从接近直流直到几十兆赫[17]，所以相应的雷电探测系统在这些参数范围必须灵敏。最常用的检测系统是基于 Rogowski 线圈、分流电阻或电流互感器构成的[18]。Rogowski 线圈是用于测量交流电的。在风力机中，它们缠绕在每个叶片的接地引下线上，以便能测量流入接地引下线的雷电电流。线圈中的感应电压与导体中的电流变化率成正比。因此，Rogowski 线圈的输出被连接到一个积分电路上，以便能提供一个与雷电电流成正比的输出信号。

分流器是由用于测量交流电或直流电的精密电阻构成。在分流电阻中，一个与电流成正比的电压信号可被测量出。由于它的频率响应，使得分流器非常适合雷电电流的测量和相关雷电参数的估算。为了测量风力机叶片上的雷电参数 LPS，分流器必须和接地引下线串联。依靠光电信号转换器，可以保护分流信号免受任何类型的由雷电产生的电磁干扰的影响。

电流互感器的频率范围和精度还取决于电磁干扰以及额定系数、温度和物理配置。电流互感器被设计成在它的二次绕组中提供电流信号。这个信号和一次绕组中的电流成正比。由于它们能够把测量电路从任何主要电路中安全地隔离出来,所以它们通常用于测量和计量电信号。

为了研究的目的,自 2003 年以来,在日本的 Nikon – Kogen 风电场的风力机上安装了各种不同的雷电电流测量系统[19]。为了进行比较,在同一台风力机上安装了所有类型的传感器。

除了这些雷电电流测量系统外,在市场上还有两种为探测雷电设计的商业系统。第一种是由放置在叶片上或其他任何结构上的磁卡组成,以测量雷电电流是否存在[20]。在发生雷击后,可以使用读卡器单元手动读取这些卡片,以获取电流峰值的信息。最初,这个系统是为了在建筑物中监测雷电而发明的。在两个读卡周期之间,这些卡不能检测到大量的雷击。

丹麦能源公司协会(DEFU)为风力机开发了第二种先进的雷电探测系统[21]。这个系统利用风力机塔架上的天线来检测雷击。天线上的信号被转换成一个光信号,并通过光纤链路传输到控制箱。在发生一次雷击并被系统检测到后,它会被一个确认信号重置。像峰值电流和电荷数这样的雷电参数不会被记录。

一种新的风力机叶片雷电检测系统融合了最先进的雷电测量系统的优点,在这个测量系统中具有一个雷电检测系统[22]。它是基于光纤的,并结合了雷电参数在线检测和局部雷电检测[18]。除了雷电参数外,还可以确定雷击的位置。单个传感器探头在铁磁晶体中使用了法拉第旋转定律,例如,用钇铁石榴石(YIG)来测量磁场强度。对于基于 LPS 的接地引下线,由接地引下线和雷电通道周围的雷电电流引起磁场。这个磁场可以通过 Biot – Savart 法则来评估[23]。系统的一般设置如图 11-1 所示。对于精确定位,2MHz 的采样率是必要的。

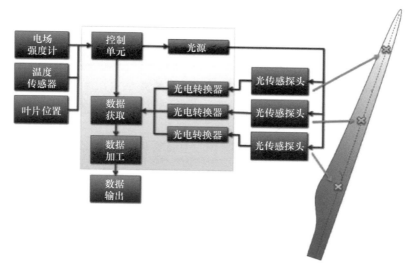

图 11-1 在风力机叶片上监测雷击的光纤传感器网络[18]

11.5 使用矩量法来定义风力机的电磁干扰源的例子

11.5.1 风力机通信系统

现代化的兆瓦级风力机配备了变桨距控制系统，用于调整叶片的桨距角。风力机的转速是由该系统来控制的。旋转轮毂上的变桨距控制系统和风力机操作员之间的通信是通过风力机主轴上的集电环来实现的。如果风力机操作员和变桨距控制系统间的通信失败，则需要备用系统。这样的备用通信系统可以利用安装在风力机轮毂上的工作频率为900MHz 的 GSM 发射器来实现。

11.5.2 FEKO 模型

利用商业矩量法（MoM）仿真工具 FEKO，生成了一种多兆瓦风力机轮毂通用仿真模型[5]。一种近似的赫兹偶极子：

$$\Pi(\underline{x}) = \frac{e^{-jkr}}{4\pi\varepsilon_0 r}\int_V \underline{P}_0(\underline{x}')\,dV' \tag{11-2}$$

它被用于产生轮毂模型，这种模型具有基于900MHz 频率的 GSM，其具有极化模式 P_0 和由此产生的辐射功率 P：

$$P = \Re\left\{2\pi\int_0^\pi T_r(r,\vartheta)r^2\sin\vartheta\,d\vartheta\right\} \tag{11-3}$$

和 Poynting 矢量 T_r [24]：

$$T_r = \frac{1}{2}(E_\vartheta H_\varphi^* - E_\varphi H_\vartheta^*) \tag{11-4}$$

式中，E_φ、E_ϑ、H_φ 和 H_ϑ 分别是电场分量和磁场分量。

电磁模型如图 11-2 所示。根据 GSM 的信号波长，该模型有 67744 个元素。模型的尺寸为 2.09m×2.60m×2.50m。材料为铸铁，相对磁导率为 $\mu_r = 1500$，电导率为 $\sigma_i = 1.03×10^7 S/m$。控制箱被模拟为不锈钢材料，电导率为 $\sigma_s = 1.1×10^6 S/m$。轮毂的入口由铝板密封，电导率为 $\sigma_m = 3.816×10^7 S/m$。

为了计算，将快速多极子算法（FMM）与不完全 LU 矩阵的分解相结合来使用。其最大迭代次数被设置为 10000。

11.5.3 电磁负载中的铸铁材料

对于三种材料的每一种，在仿真中需要考虑趋肤效应[25]：

$$Z_{s,k} = \frac{1-j}{2\sigma_k\delta_k}\frac{1}{\tan((1-j)d_k/2\delta_k)} \tag{11-5}$$

式中，d_k 是厚度，σ_k 是电导率，趋肤深度为 δ_k，其中 k 代表铸铁、不锈钢或铝。

使用了风力机轮毂内的磁场测量值来验证仿真模型，这个轮毂的注入电流高达

1.3kA，如图 11-3 所示。只有注入电流高于 40kA 时，非线性材料的参数才是必须被考虑的[5]。因此，对于铸铁轮毂的 GSM 900MHz 分析，非线性效应有可能被忽略。

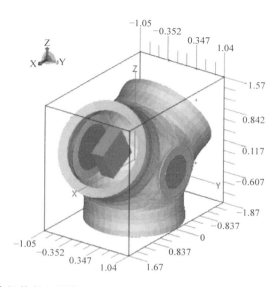

图 11-2　风力机轮毂电磁模型。网格上的数字以 m 为单位，显示了轮毂的尺寸

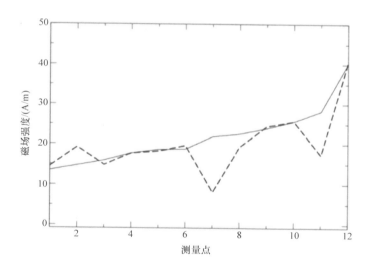

图 11-3　比较在风力机中由于注入电流而引起磁场的测量值和仿真情况[5]。
实线表示 FEKO 的仿真结果，虚线表示轮毂内离散测量点的测量值

根据图 11-4 进行了磁场测量。脉冲电流被注入到铸铁轮毂中，以便能获得内部磁

场分布。轮毂内部的磁场测量是根据感应原理进行的。由于探头要求，测量点 1 ~ 12（见图 11-3）尽可能地覆盖了最大的空间[5]。使用 1MV 脉冲发生器产生注入电流，并使用 4.2mΩ 分流器进行测量。在图 11-3 中的测量点 7 和 11 有着更高的偏差，这是由于脉冲发生器产生的电磁干扰和连接线路只能有一部分在仿真模型中实现。

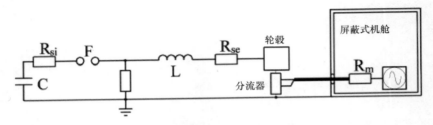

图 11-4　风力机内磁场测量的实验室装置。通过脉冲发生器将具有 1.3kA
振幅的 1.2/50μs 的电流注入至轮毂

11.6　仿真结果

　　风力机可能通过三种主要的机制引发电磁干扰，即近场效应、衍射和反射/散射。近场效应是指由于风力机机舱内的发电机和开关元件发射的电磁场而使得风力机产生干扰的潜在可能。衍射发生在物体阻碍在波的行进路径中，改变了前进的波前时。当物体不仅反射了信号的一部分，而且吸收了信号时，就可以引起衍射效应。

　　当风力机反射或阻塞了发射器和接收器之间的信号时就会发生反射/散射干扰。这种情况发生的原因是，当风力机的旋转叶片接收到一种主要的传输信号时，它们就会产生并传送一个散射信号。在这种情况下，接收器可能会同时拾取两个信号，散射信号会导致电磁干扰，因为与原始信号相比，它在时间上会发生延迟（失相）或失真。

　　每种机制的电磁干扰的性质和数量取决于：

- 兆瓦级风力机相对于发射器和接收器的位置。
- 风轮叶片的特性（设计和使用的材料）。
- 信号频率。
- 接收器特性。
- 无线电波在当地大气层中的传播特性。

11.6.1　轮毂内部天线

　　对于第一次分析，用作 GSM 900MHz 发射器的电赫兹偶极子被放置在轮毂的中心。这个位置可以保护发射器免受各种电磁干扰，特别是可以防止雷击。激励为 Idl = 1 的正弦波。在轮毂内的 Poynting 矢量如图 11-5 所示。根据式（11-2），Poynting 矢量与电赫兹偶极子的辐射功率相关。

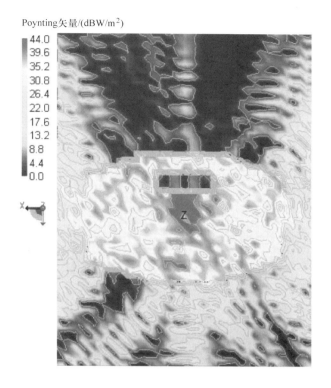

图 11-5　Poynting 矢量的辐射图，这是由具有 $f = 900\mathrm{MHz}$、$\mathrm{Idl} = 1$ 的赫兹偶极子
的正弦激励形成的。根据图 11-2，视图是在负 z 轴方向

如在图 11-5 中所看到的，金属结构中的信号衰减范围在 $20 \sim 40\mathrm{dB}$ 之间。无法建立轮毂内的发射器到外部接收器间的良好通信链路，反之亦然。因此，在轮毂内部放置通信发射器和接收器是不切实际的。

11.6.2　轮毂外部天线

与之前的模型相比，传输的赫兹偶极子现在将被安装在轮毂之外。

由于如前所述的因风力机旋转而产生的散射和衍射效应，电赫兹偶极子天线的最佳可能安装点是在入口处。因此不推荐在风力机的叶片之间进行安装。

对于仿真模型，这意味着对于 $z = 0\mathrm{m}$ 和 $x = 0\mathrm{m}$ 时，通信单元被放置在 $y > 1\mathrm{m}$ 的位置。我们分析了电赫兹偶极子的两个不同位置：$y_1 = 1.14\mu\mathrm{m}$，$y_2 = 1.24\mu\mathrm{m}$。在图 11-6 中给出了在 y_1 和 y_2 处赫兹偶极子的二维辐射图的比较。

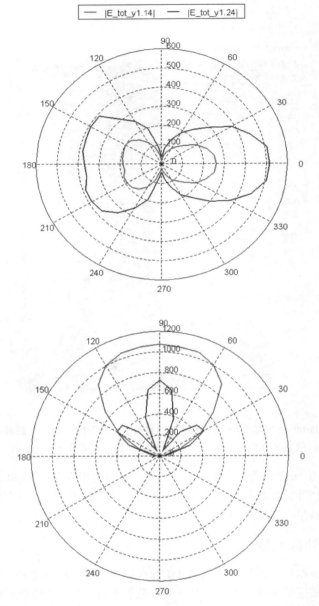

图 11-6　比较电赫兹偶极子在 $y_1 = 1.14\mu m$ 和 $y_2 = 1.24\mu m$ 位置处的二维辐射图。
辐射频率为 900MHz，幅度为 Idl = 1。上图：$\varphi = 0°$ 和 $\vartheta = 0° \sim 360°$ 的辐射图案。
下图：$\varphi = 0° \sim 180°$ 和 $\vartheta = 90°$ 的辐射图案

11.7　总　结

本章提出了与风力机相关的电磁干扰的总体概述。风力机既可以充当电磁干扰的发射器，也可以充当接收器。保护风力机免受电磁干扰最好的办法就是屏蔽电磁敏感部分，如控制系统。作为风力机制造电磁干扰的例子，对 GSM 900MHz 收发器进行了分析，它被用作风力机控制系统的通信备用系统。利用矩量法对安装在大型风力机轮毂上的发射器产生的电磁场进行了分析。使用商用仿真工具，确定了到基站的优化无线电通信链路。为了能最小化因雷电产生的电磁干扰，将 GSM 发射器放置在铸铁轮毂内是一种更好的选择。由于 20～40dB 范围内的强信号衰减，这是不可行的。辐射图表明发射器的最佳位置是在入口处。对位于不同位置的赫兹偶极子的仿真显示出强烈的定向辐射模式，这就允许风力机轮毂和基站之间建立良好的通信链路。

参 考 文 献

1. Tennat, A.; Chambers, B. Radar Signature Control of Wind Turbine Generators. In Proceedings of the IEEE Antennas and Propagation Society International Symposium, Washington, DC, USA, July, 2005; pp. 489-492.

2. Sengupta, D.L. Electromagnetic Interference from Wind Turbines. In Proceedings of the IEEE Antennas and Propagation Society International Symposium, Orlando, FL, USA, July, 1999; pp. 1984-1986.

3. Cavecey, K.H.; Lee, L.Y. Television Interference due to Electromagnetic Scattering by the MOD-2 Wind Turbine Generators. In Proceedings of the IEEE Power Engineering Society Summer Meeting, Los Angeles, CA, USA, 1983.

4. Frye, A. The Effects of Wind Energy Turbines on Military Surveillance Radar Systems. In Proceedings of the German Radar Symposium, Berlin, Germany, 2000; pp. 415-422.

5. Lewke, B.; Krug, F.; Teichmann, R.; Loew, W.; Oberauer, A.; Kindersberger, J. The Influence of Lightning-Induced Field Distribution on the Pitch-Control-System of a Large Wind-Turbine Hub. In Proceedings of the European Wind Energy Conference, Athens, Greece, February, 2006.

6. Krug, F.; Rasmussen, J.R.; Bauer, R.F.; Lemieux, D.; Schram, Ch.; Ahmann, U. Wind Turbine/Generator Drivetrain Condition Based Monitoring. In Proceedings of the European Wind Energy Conference, London, UK, November, 2004.

7. Matsuzaki, R.; Todoroki, A. Wireless detection of internal delamination cracks in CFRP laminates using oscillating frequency changes. Composites Sci. Technol. 2005, 66, 407-416.

8. Krug, F.; Russer, P. Quasi-peak detector model for a time-domain measurement system. IEEE Trans. Electromagn. Compat. 2005, 47, 320-326.

9. Kodali, W.P. Principles, Measurements, Technologies, and Computer Models; Wiley: New York, NY, USA, 2001.

10. Middleton, D. Statistical-physical models of electromagnetic interference. IEEE Trans. Electromagn. Compat. 1977, 19, 106-127.

11. Davenport, W.B.; Root, W.L. An Introduction to the Theory of Random Signals and Noise; Wiley: New York, NY, USA, 1987.
12. Yoh, Y. A New lightning protection system for wind turbines using two ring-shaped electrodes. IEEJ Trans. Electr. Electron. Eng. 2006, 1, 314-319.
13. Gonschorek, K.H.; Singer, H. Elektromagnetische Verträglichkeit, 1st ed.; Teubner, B.G., Ed.; VDE-Verl: Stuttgart, Germany, 1992.
14. Smolke, M. Beitrag zur Wirkung aperturbehafteter Schirme bei magnetischen Blitzimpulsfeldern. Ph.D. Thesis, Technical University of Dresden, Dresden, Germany, 1999.
15. Krug, F.; Russer, P. The time-domain electromagnetic interference measurement system. IEEE Trans. Electromagn. Compat. 2003, 45, 330-338.
16. Diendorfer, G.; Mair, M.; Pichler, H. Blitzstrommessung am Sender Gaisberg. Schriftenreihe der Forschung im Verbund 2005, 89, 1-65.
17. Rakov, V.A. Transient response of a tall object to lightning. IEEE Trans. Electromagn. Compat. 2001, 43, 654-661.
18. Krämer, S.; Puente Léon, F.; Lewke, B.; Méndez Hernández, Y. Lightning Impact Classification on Wind Turbine Blades Using Fiber Optic Measurement Systems. In Proceedings of the Windpower Conference, Los Angeles, CA, USA, June, 2007.
19. Wada, A.; Yokoyama, S.; Hachiya, K.; Hirose, T. Observational Results of Lightning Flashes on the Nikaho-Kogen Wind Farm in Winter (2003-2004). In Proceedings of the XIVth International Symposium on High Voltage Engineering, Tsinghua University, Beijing, China, August, 2005; p. B26.
20. OBO Bettermann GmbH & Co. Kg. Vorrichtung zur Erfassung von Stossströmen an Blitzableitern oder dergleichen, utility patent, DE000009400656U1, 1995.
21. Sørensen, T.; Jensen, F.V.; Raben, N.; Lykkegaard, J.; Saxov, J. Lightning Protection for Offshore Wind Turbines. In Proceedings of the 28th International Conference of Lightning Protection, Kanazawa, Japan, 2006; pp. 555-560.
22. Krämer, S.; Puente Léon, F.; Lewke, B. Use of a Fiber-Optic Sensor System to Review Distributed Magnetic Field Simulation of a Wind Turbine. In Proceedings of the Asia-Pacific Symposium on Electromagnetic Compatibility, Singapore, 2008; pp. 192-195.
23. Jackson, J.D. Klassische Elektrodynamik, 3rd ed.; de Gruyter: Berlin, Germany, 2002.
24. Zinke, O.; Brunswig, H. Hochfrequenztechnik 1–Hochfrequenzfilter, Leitungen, Antennen, 6th ed.; Springer Verlag: Berlin, Germany, 2000.
25. EM Software and Systems. FEKO User Manual, Suite 5.2; Stellenbosch, South Africa, 2006.

第 12 章

风力机中的噪声污染防治:现状和近期发展

Ofelia Jianu，Marc A. Rosen，Greg Naterer

12.1 简介

　　全球变暖和温室气体排放是非常值得关注的问题。为了减少这种排放，全球趋向于使用清洁能源。有望成为煤炭和其他化石燃料替代品的是核电和可再生能源。其中最有发展前景的可再生能源之一是风能。然而，风力机技术中存在着一些问题，其中主要问题之一就是运行过程中产生的噪声。为了能成功地减少或防止噪声，就必须确定噪声源。在风力机的运行过程中主要有两种噪声源：机械噪声和气动噪声。机械噪声通常来自于风力机内部的许多不同部件，例如发电机、液压系统和齿轮箱等。现在有着一些对不同机械噪声的预防策略，如振动抑制、隔绝振动和故障检测技术等。在本章中将对这些技术进行介绍。这里也将讨论对气动噪声的预防策略，因为它也是来自风力机中的主要噪声源。气动噪声中的最大贡献来自于风力机叶片的翼面后缘。减少气动噪声的策略包括自适应解决方案和风力机叶片的修改方法。自适应降噪技术包括改变叶片的旋转速度并增加其倾斜角度。尽管这种策略已经成功地用于降低噪声，但它们有可能会造成很大的功率损失。因此，人们一直在寻找可替代的适应性解决方案。叶片改进方法（如添加锯齿）已被证明有利于降低噪声并且不会造成任何功率损失。

　　本章的组织结构如下：12.2 节讨论噪声源，12.3 节给出噪声减小策略，12.4 节给出总结。12.2 节的内容被细分为机械噪声和气动噪声。12.3 节被细分为机械噪声减小策略、气动噪声减小策略和㶲方法的使用。

12.2 噪声源

　　风力机具有很多能产生噪声的部件。风力机产生的噪声干扰和如下的一些因素有关。这些因素包括：风力机与居民区之间的距离，以及风力机运行时的背景噪声等[1]。风力机的运行条件和维护状况也会影响噪声的产生[1]。一般来说，风力机具有两大类噪声源：机械噪声和气动噪声。在本节中，我们简要地调查机械噪声和它的起因以及解决方案。但气动噪声是一个主要着眼点，因为它被认为是最主要的噪声形式，同时它也很难被解决。图 12-1 显示了噪声的不同来源，以及它们的声音功率等级，a/b 指的是空气传播噪声，s/b 指的是结构噪声[2]。

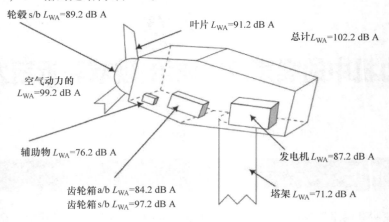

轮毂 s/b L_{WA}=89.2 dB A
叶片 L_{WA}=91.2 dB A
总计 L_{WA}=102.2 dB A
空气动力的 L_{WA}=99.2 dB A
辅助物 L_{WA}=76.2 dB A
发电机 L_{WA}=87.2 dB A
齿轮箱 a/b L_{WA}=84.2 dB A
齿轮箱 s/b L_{WA}=97.2 dB A
塔架 L_{WA}=71.2 dB A

图 12-1 垂直轴风力机噪声源[2]

12.2.1 机械噪声

机械噪声通常来源于风力机中的组件，例如发电机、液压系统和齿轮箱。其他的一些因素，诸如风扇、出入口和风道等也都会产生机械噪声。由这些机械部件产生的噪声类型有一种趋势，那就是它们具有更多的音频频段，且为窄带声音。相比于宽带声音，这种声音对人的刺激性更强[1]。虽然这种噪声会使整体的风力机的声压水平（SPL）略微增加，但是对风力机造成的损失要大得多。由于这种噪声对人类造成的负面影响，许多国家都制定了相应的法规，其规定了风力机间的距离，并要求风力机与最近建筑物间的距离必须增加，或在某些情况下风力机不能进行安装[1]。机械噪声的传播有两种方式：空气传播和结构传播。由于声音是直接发射到周围的环境中，所以以空气传播的噪声是径直向前的。结构噪声更为复杂，因为它可以沿着风力机的结构进行传播，然后通过诸如外壳、机舱罩和风轮叶片这样的表面传递到周围的环境中去[2]。驱动齿轮箱是风力机中重要的噪声源。基于结构的噪声是由齿轮齿的咬合产生，它传递到齿轮箱的滚动轴承并通过冲击噪声绝缘层进入到机舱底板并最终传递到塔架。

12.2.2 气动噪声

气动噪声更为复杂，从图 12-1 中可以看出它是风力机噪声的主要来源，其具有 99.2dB A 的声功率级[2]。

通常，沿着叶片有六个主要的区域（见图 12-2）[1-8]。这些区域被认为会单独形成它们各自特有的噪声，因为它们产生的噪声是根本不同的，它们沿叶片发生在不同的区域，互不干扰[5]。这六个区域产生的噪声被分为湍流边界层后缘噪声、层流边界层涡旋脱落噪声、分离失速噪声、后缘钝性涡旋脱落噪声、叶尖涡流形成噪声和湍流流入噪声。

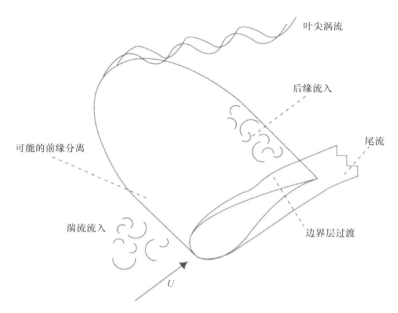

图 12-2 因具有速度 U 的风流量而在风轮叶片周围产生的气动噪声源

12. 2. 2. 1 湍流边界层后缘噪声（TBL – TE）

如图 12-3 所示，噪声的主要来源——湍流边界层后缘噪声（TBL – TE），是由边界层和翼面后缘相互作用引起的。Brooks 和 Hodgson 在参考文献［9］中，利用测量表面压力开发了一种 TBL – TE 噪声预报器。这个预报器可以通过提供经过后缘的湍流边界层对流表面压力场的足够信息来实现。

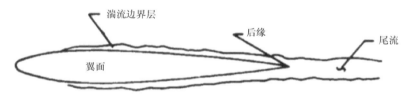

图 12-3 湍流边界层后缘噪声[6]

Schlinker 和 Amiet 在参考文献［10］中，采用了表面压力的广义经验描述来预测测量噪声。Langley 在参考文献［6］中提出了一种将边界层内湍流模拟为"发夹"涡流元素的方法。Ffowcs 和 Hall 在参考文献［11］中提出了一种基于边缘散射公式解决 TBL – TE 噪声问题的简单方法。通过大量的研究，已经发现，总体声压级依赖于速度的五次方[12]。此外，雷诺数和攻角已被证明可以影响湍流结构[10,13]。Romero – Sanz 和 Matesanz 在参考文献［2］中确定，在翼面的吸力侧和受压侧都有可能发生 TBL – TE 噪声，并且这种噪声受翼面表面粗糙度的影响。

12. 2. 2. 2　分离失速噪声

如图 12-4 所示，当叶片的攻角从适中角度增加到高角度时，就会发生分离失速噪声。由于风力机翼面在相当长的时间内以较高的攻角运行，因此这种噪声源极为重要。随着攻角的增大，吸力侧的边界层也会增大，并开始形成大范围的非稳态结构。已经发现在这种情况下，相对于 TBL – TE 噪声，这种噪声的增加超过了 10dB[4]。对于轻微气流分离而从后缘发出的噪声和对于大范围气流分离而从弦线发出的噪声，通过远场的互相关性也已经确定[13]。分离失速噪声的经验关系已经被确定，它们与具有不同比例因子的 TBL – TE 噪声相类似[2]。

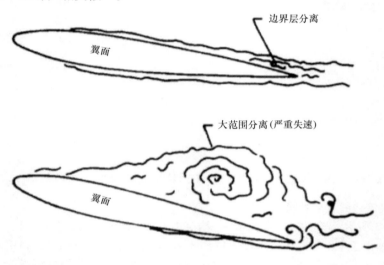

图 12-4　分离失速噪声[6]

12. 2. 2. 3　层流边界层涡旋脱落（LBLVS）噪声

如图 12-5 所示，当翼面的大部分或一侧存在层流边界层时，会出现这种类型的自噪声。来自这个噪声源的噪声被耦合到后缘和后缘上游的不稳定波（Tolmien – Schlichting 波）之间的声学激励反馈回路中[6,7,14 - 19]。因离开后缘的涡旋脱落而产生的压力波会在上游传播，并且其在边界层中的不稳定性会被放大。当不稳定性到达后缘和具有相似内容频率形式的湍流时，会产生反馈回路。

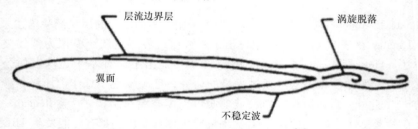

图 12-5　层流边界层涡旋脱落噪声[6]

12.2.2.4　叶尖涡流形成的噪声

这种噪声源因他的三个维度而和其他的噪声源不同，这种自噪声源是由较厚的黏性湍流核心叶尖涡流与叶尖附近的后缘相互作用而产生的（见图 12-6）[6]。在实验研究中已定量地分离了叶尖噪声。George 和 Chou 提出了一种预测模型，这种预测模型所基于的频谱数据，来自于三角翼型研究、几种叶尖形状平均气流研究和后缘噪声分析[13]。Brooks、Pope 和 Marcolini 也提出了一种非扭曲常数弦线叶片的关系[6,12,20]。

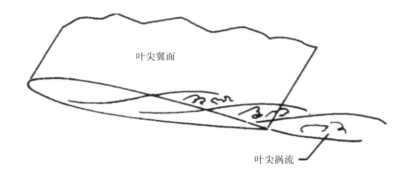

叶尖翼面

叶尖涡流

图 12-6　叶尖涡流形成的噪声

12.2.2.5　后缘钝性涡旋脱落噪声

另一种重要噪声源是由于钝性后缘的涡旋脱落造成的噪声，它由 brooks 和 hodgson 确定的，如图 12-7 所示[9]。这种噪声源的频率和振幅是由后缘的几何形状所决定的[2]。现已有利用经验关系来预测这种类型噪声的方法，它们依赖于后缘的厚度，并与速度的六次方成正比[2]。

12.2.2.6　湍流流入噪声

在低频时，湍流流入与风力机叶片前缘的相互作用被证明是噪声的重要来源。图 12-2 说明了这种噪声源。Romero – Sanz 在参考文献［2］中断定，根据相对于翼面前缘半径长度尺寸的大小，可以创建偶极噪声源（低频）或四极噪声源（高频）。此外，偶极噪声源依赖于马赫数的六次方，而分散的四极噪声源则依赖于马赫数的五次方[2]。基于 Amiet 在参考文献［22］中的实验结果，Lowson 在参考文献［21］中对低频和高频建立了经验关系。

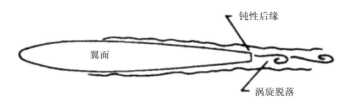

钝性后缘

翼面

涡旋脱落

图 12-7　后缘钝性涡旋脱落噪声[6]

12.3 噪声减小策略

有很多种方法可以减小噪声。一种方法是设计具有声学特性的风力机。研究者关注于减小噪声而不影响风力机的发电。在本节中将讨论减小机械噪声和气动噪声的策略。

12.3.1 机械噪声的减小

机械噪声中的噪声源之一是由旋转部件引起的振动。振动控制是用于抑制或消除不必要的振动。根据情况，可以选择不同的控制规则，以便能最大限度减小不必要的振动。另外，可以利用控制器减振或增加有效重量[23]。从推论上说，吸收器是作为一种主动系统来工作的。这包括使用隔声材料、绝缘材料，并关闭机舱内的小孔，这样可以降低传输到空气中的声音[6]。除了功率损失和维护成本的增加外，故障齿轮箱也会增加风力机的噪声水平。因此，研究人员正在开发适用于风力机的齿轮箱故障诊断系统。一种集奇异值分解降噪、时间频率分析和阶次分析法于一体的系统被开发出来。这种系统可以客观、有效地识别弱故障[24]。最近，人们已经开始努力开发用于如风力机这样的机械系统的在线智能监视技术。对于故障检测，已经提出了几种神经模糊分类技术[25-29]。

12.3.2 气动噪声的减小

12.3.2.1 自适应方法

对于气动噪声，有许多自适应降噪方法，其中包括改变叶片的旋转速度。由于转速的增加也将会导致噪声的增加，而降低转速会导致噪声的降低。然而，转速的降低会降低功率的输出，因此只能在一定的风速范围内实施，因为大风时也有附加的好处，这时可以利用风声来掩盖风力机的噪声[2]。风力机叶片的桨距角在噪声的产生中也起着重要的作用。桨距角的增加将导致攻角的减小。随着攻角的增加，翼面吸力侧上的湍流边界层的尺寸也会增大，从而增加了风力机中产生的噪声。因此，如果桨距角增大，在吸力侧会产生的较薄的边界层，这被认为是噪声产生的最强噪声源[2]。这也意味着，在压力侧，其效果是相反的；因此当使用这种方法进行噪声控制时，找到适当的桨距角范围对最优化噪声控制是非常重要的。与之前的方法一样，这种自适应噪声控制方法的主要缺点是，由于攻角的减小而使相应的功率降低了。尽管改变桨距角减小噪声会造成潜在的功率损失，但在特定的区域内会建造更多的风力机[2]。

12.3.2.2 风力机叶片改进方法

自适应方法的主要缺点（整体功率降低）是对实施控制噪声方法的阻碍。通过分解噪声源，可以看出最大的噪声贡献发生在叶片后缘[30,31]。在参考文献［23］中提供了不同的气动声学预测模型，例如半经验翼面自噪声模型和简化的理论模型。Kamruzzaman 等人在参考文献［32］中利用著名的 TNO – Blake 模型和计算气动声学（CAA）得出结果，并验证了针对风洞尺寸的预测。这个预测是基于雷诺平均 N – S 仿真结果。这样的预测对于确定具有最高气动声级的区域是有利的。研究人员确定，大约有 75% ~ 95% 的跨度区域暴露于最大气流速度中，并且具有最高的空气噪声水平[30]。此外，实验测试表明，当叶片以顺时针方向向下移动时，会产生大部分的噪声，如图 12-8 所示。因此，大部分改进程序都是为了减少这方面的噪声。对利用航空声学优化后的翼面和后缘锯齿进行了研究[5]，而后缘刷也被认为可以控制这部分的风力机叶片产生的噪声[31]。

图 12-8　形成最大噪声的风力机的叶片区域

　　许多研究都集中在减小后缘噪声上。有这样一种方法，它是通过声学来优化翼面。"声学优化静音风轮"（SIROCCO）项目于 2003 ~ 2007 年间在欧洲进行[5]。这个项目包括用静音翼面代替基准叶片的部分外部现有的翼面，将静音翼面所替代的这个区域暴露于最高气流速度区域，并且是在 75% ~ 95% 跨度间的最大空气噪声水平区域内。翼面的设计如图 12-9 所示。SIROCCO 项目旨在修改在叶片外部区域具有不同后缘的现有叶片，所以重新设计的翼面将会提高其性能[5]。这个项目研究了两个不同的风力机：第一个是西班牙萨拉戈萨的 Gamesa 850kW 风力机（G58），其风轮直径是 58m；另一个是荷兰 Wieringermeer 的 GE 2.3MW 风力机，其风轮直径为 94m。声学优化翼型首先在风洞中进行了测试，然后被分别安装到不同的风力机上。两台风力机都使用了混合风轮进行了测试。这种风轮具有两个基准叶片和一个改进的 SIROCCO 叶片，它可在相似条件下（因为所有叶片都在同一个风轮上）下对产生的噪声进行直接比较。

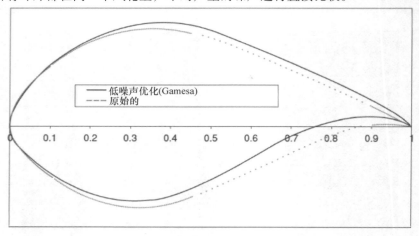

图 12-9　原始翼型与优化翼型间的比较[2]

我们会发现，对于 G58 风力机，它的噪声减小了 1 ~ 1.5dB A，其基于弦线的雷诺数为 1.6×10^6；对于 GE94 风力机，其噪声减小了 2 ~ 3dB A，其基于弦线的雷诺数为 3×10^6。由于混合风轮中只有一个叶片是不同的，所以很难分析其气动性能的差异。然而，在平均风速为 8m/s 的条件下，使用混合风轮的 G54 风力机的发电量减小了 1.4%，这低于测量的不确定度，但是这项研究应归功于 SIROCCO 叶片上的侵蚀方式，而不是因为对它的改进。对于 GE94 风力机，其发电量要高于基准，在风速为 8m/s 时，要高于年平均发电量的 2.8%[1]。

除了具有 SIROCCO 叶片外，GE 风力机叶片中有一片在基准叶片的基础上包含了锯齿，如图 12-10 所示。这种锯齿有 2mm 厚，安装在叶片外侧 12.5m 处（压力侧）。为了保持叶片的空气动力学特性，他们使用了环氧树脂填充物进行平滑处理。锯齿的长度约从局部弦线的 20% 处出现，并随着半径的变化而变化。例如，在叶片尖端，锯齿的齿长为 10cm，而在叶片最里面的位置，锯齿的齿长为 30cm。锯齿平面与叶片后缘的气流方向一致，以保持其空气动力特性。可以发现这些锯齿降低了大约 3.2dB A 的噪声。然而，在更高的频率下，由锯齿产生的噪声实际上要比基准叶片的高[31]。叶片后缘的钝性也会导致整体噪声的产生。后缘的厚度会引起涡流，进而产生噪声。

为了使这种影响最小化，可以将单排的聚丙烯纤维连接到叶片后缘，如图 12-11 所示。这些刷子的工作方式和锯齿类似，但在这种情况下叶尖的角度非常尖锐。这些刷子可以根据其设计特性减少一定量的噪声。在这里要考虑三种纤维长度 l_f（15mm、30mm、

图 12-10 后缘锯齿[31]   图 12-11 后缘刷[6]

60mm）和纤维直径 h_f（0.3mm、0.4mm、0.5mm）[33]。这些刷子和后缘气流会自动对齐，可以表现出显著的降噪效果。根据配置和频率，可以实现 2 ~ 10dB 的降噪效果。研究这种改进时可能存在的一个问题是，这些刷子在不同的天气条件下（如下雪和冰冻的天气），其性能会如何。

如图 12-12 所示，锯齿翼面和优化翼面在低频下工作得非常好，但实际中在较高的频率下会产生更多的噪声。目前，在风力机中加入控制攻角的控制器，这样就可以优化风力机的发电能力[1]。可以利用类似的控制器来改变不同模式下的叶片，例如在低频下使用锯齿，而在较高频率时将它们缩回，以减小高频工作时产生的噪声。此外，已经发现后缘刷在高频下工作良好。在未来的设计中，后缘刷可以结合到叶片的设计中去，并且具有一个控制器可以将其缩回，使其只在一个特定的频率范围内起作用。

12.3.3 熵方法的使用

作者已经进行了调查，并将噪声污染与熵（一种通常不用于设计风力机翼型的因素）相关联。其主要目标是确定流过固体气流的声压级与流体介质内被破坏的熵之间的相关性。这种相关性有可能会揭示噪声污染和熵破坏间的关系。这种相关性或许有助于

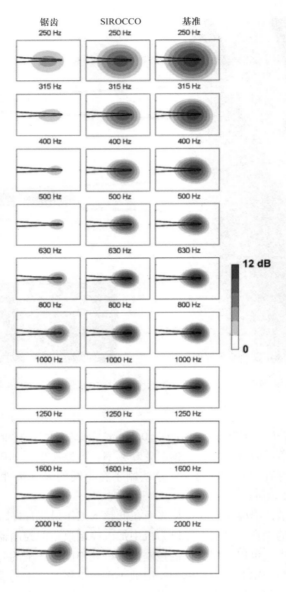

图 12-12　锯齿、SIROCCO 和基准叶片的比较[30]

减少商用风力机中的噪声污染。

12.4　总结

本章对风力机上的噪声产生和近来提出的一些预防措施进行了严格的评估和比较。

为了能有效减少或防止噪声的产生，必须确定噪声的来源。在风力机的运行过程中有主要的两个噪声源：机械噪声源和气动噪声源。机械噪声通常来自于风力机内众多不同的部件，例如发电机、液压系统和齿轮箱等。对这种类型的噪声采用了振动抑制、隔绝振动和故障检测等不同的机械噪声预防策略。气动噪声是风力机噪声的主要来源。当湍流边界层在翼面上形成时，噪声会在高速气流下产生。并且由于层流边界层会使气流越过后缘或以较低的速度通过，这就导致了后缘处的涡旋脱落。所提出其他因素包括：气流分离和导致涡旋脱落的钝性后缘气流。减小气动噪声的策略包括自适应方法和风力机叶片改进方法。

参 考 文 献

1. Klug, H. Noise from Wind Turbines: Standards and Noise Reduction Procedures. Paper presented on the Forum Acusticum, Sevilla, Spain, 16–20 September 2002.
2. Romero-Sanz, I.; Matesanz, A. Noise management on modern wind turbines. Wind Eng. 2008, 32, 27–44.
3. Oerlemans, S.; Sijtsma, P.; Mendez Lopez, B. Location and quantification of noise sources on a wind turbine. J. Sound Vib. 2007, 299, 869–883.
4. Moriarty, P.; Migliore, P. Semi-Empirical Aeroacoustic Noise Prediction Code for Wind Turbines; National Renewable Energy Laboratory: Golden, CO, USA, 2003.
5. Schepers, J.G.; Curvers, A.; Oerlemans, S.; Braun, K.; Lutz, T.; Herrig, A.; Wuerz, W.; Mantesanz, A.; Garcillan, L.; Fischer, M.; et al. SIROCCO: Silent Rotors by Acoustic Optimization. Presented at the Second International Meeting on Wind Turbine Noise, Lyon, France, 20–21 September 2007; ECN-M-07-064.
6. Brooks, T.F.; Pope, D.S.; Marcolini, M.A. Airfoil Self-Noise and Prediction; NASA Reference Publication 1218; National Aeronautics and Space Administration, Washinton, DC, USA, 1989.
7. Leloudas, G.; Zhu, W.J.; Sorensen, J.N.; Shen, W.Z.; Hjort, S. Prediction and reduction of noise from 2.3 MW wind turbine. J. Phys. Conf. Ser. 2007, 75, doi:10.1088/1742-6596/75/1/012083.
8. Oerlemans, S.; Schepers, J.G. Prediction of wind turbine noise and validation against experiment. Int. J. Aeroacoustics 2009, 8, 555–584.
9. Brooks, T.F.; Hodgson, T.H. Trailing edge noise prediction from measured surface pressures. J. Sound Vib. 1981, 78, 69–117.
10. Schlinker, R.H.; Amiet, R.K. Helicopter Rotor Trailing Edge Noise; NASA CR-3470; NASA: Washington, DC, USA, 1981.
11. Ffowcs Williams, J.E.; Hall, L.H. Aerodynamic sound generation by turbulent flow in the vicinity of a scattering half plane. J. Fluid Mech. 1970, 40, 657–670.
12. Brooks, T.F.; Marcolini, M.A. Scaling of airfoil self-noise using measured flow parameters. AIAA J. 1985, 23, 207–213.
13. Chou, S.-T.; George, A.R. Effect of angle of attack on rotor trailing-edge noise. Am. Inst. Aeronautics Astronaut. J. 1984, 22, 1821–1823.
14. Paterson, R.W.; Amiet, R.K.; Munch, C.L. Isolated airfoil-tip vortex interaction noise. J. Aircraft 1975, 12, 34–40.

15. George, A.R.; Najjar, F.E.; Kim, Y.N. Noise Due to Tip Vortex Formation on Lifting Rotors. In Proceedings of the 6th Aeroacoustics Conference on American Institute of Aeronautics and Astronautics, Hartford, CT, USA, 4–6 June 1980.

16. Arakawa, C.; Fleig, O.; Iida, M.; Shimooka, M. Numerical approach for noise reduction of wind turbine blade tip with earth simulator. J. Earth Simul. 2005, 2, 11–33.

17. Tam, C.K.W. Discrete tones of isolated air-foils. J. Acoust. Soc. Am. 1974, 55, 1173–1177.

18. Fink, M.R. Fine structure of airfoil tone frequency. J. Acoust. Soc. Am. 1978, 63, doi:10.1121/1.2016551.

19. Wright, S.E. The acoustic spectrum of axial flow machines. J. Sound Vib. 1976, 45, 165–223.

20. Brooks, T.F.; Marcolini, M.A. Airfoil tip vortex formation noise. Am. Inst. Aeronautics Astronaut. J. 1986, 24, 246–252.

21. Lowson, M. Assessment and Prediction of Wind Turbine Noise; Flow Solutions Report 92/19, ETSU W/13/00284/REP; Energy Technology Support Unit: Harwell, UK, September 1992.

22. Amiet, R. Acoustic radiation from an airfoil in a turbulent stream. J. Sound Vib. 1975, 41, 407–420.

23. Kelly, S.G. Fundamentals of Mechanical Vibrations, 2nd ed.; McGraw Hill: New York, NY, USA, 2000.

24. Wang, F.; Zhang, L.; Zhang, B.; Zhang, Y.; He, L. Development of Wind Turbine Gearbox Data Analysis and Fault Diagnosis System. In Proceedings of the Power and Energy Engineering Conference (APPEEC), Whan, China, 25–28 March 2011.

25. Angelov, P.; Filev, D. An approach to online identification of Takagi-Sugeno fuzzy models. IEEE Trans. Syst. Man Cyber. Part B 2004, 34, 484–498.

26. Song, Q.; Kasabov, N. NFI—Neuro-fuzzy inference method for transductive reasoning and applications for prognostic systems. IEEE Trans. Fuzzy Syst. 2005, 13, 799–808.

27. Kasabov, N.; Song, Q. DENFIS: Dynamic, evolving neural-fuzzy inference systems and its application for time-series prediction. IEEE Trans. Fuzzy Syst. 2002, 10, 144–154.

28. Wang, W.; Ismail, F.; Golnaraghi, F. A neuro-fuzzy approach for gear system monitoring. IEEE Trans. Fuzzy Syst. 2004, 12, 710–723.

29. Jianu, O. An Evolving Neural Fuzzy Classifier for Machinery Diagnostics. M.Sc. Thesis, Lakehead University, Thunder Bay, ON, Canada, 2010.

30. Oerlemans, S.; Schepers, J.G.; Guidati, G.; Wagner, S. Experimental Demonstration of Wind Turbine Noise Reduction Through Optimized Airfoil Shape and Trailing Edge Serrations. In Proceedings of the European Wind Energy Conference and Exhibition, Copenhagen, Denmark, 2–6 July 2001.

31. Oerlemans, S. Reduction of Wind Turbine Noise Using Optimized Airfoils and Trailing-Edge Serrations. In Proceedings of the 14th AIAA/CEAS Aeroacoustics Conference, Vancouver, BC, Canada, 5–7 May 2008.

32. Kamruzzaman, M.; Lutz, T.; Wurtz, W.; Shen, W.Z.; Zhu, W.J.; Hansen, M.O.L.; Bertagnolio, F.; Madsen, H.A. Validations and improvements of airfoil trailing-edge noise prediction models using detailed experimental data. Wind Energy 2012, 15, 45–61.

33. Herr, M. Experimental study on noise reduction through trailing edge brushes. New Results Numer. Exp. Fluid Mech. V 2006, 92, 365–372.

Wind Turbine Technology：Principles and Design/ by Muyiwa Adaramola/ IS-BN：978 – 1 –77188 – 015 – 2.

Copyright © 2014 by Taylor & Francis Group，LLC.

Authorized translation from English language edition published by Apple Academic Press，part of Taylor & Francis Group LLC；All rights reserved；本书原版由 Taylor & Francis 出版集团旗下，Apple Academic 出版公司出版，并经其授权翻译出版。版权所有，侵权必究。

China Machine Press is authorized to publish and distribute exclusively the Chinese（Simplified Characters）language edition. This edition is authorized for sale throughout Mainland of China. No part of the publication may be reproduced or distributed by any means，or stored in a database or retrieval system，without the prior written permission of the publisher. 本书中文简体翻译版授权由机械工业出版社独家出版并限在中国大陆地区销售。未经出版者书面许可，不得以任何方式复制或发行本书的任何部分。

Copies of this book sold without a Taylor & Francis sticker on the cover are unauthorized and illegal. 本书封面贴有 Taylor & Francis 公司防伪标签，无标签者不得销售。

北京市版权局著作权合同登记　图字：01 – 2015 – 8647 号。

图书在版编目（CIP）数据

风力机技术及其设计/（挪）穆易瓦·安达拉莫拉（Muyiwa Adaramola）主编；薛建彬等译 . —北京：机械工业出版社，2018.5
（新能源开发与利用丛书）
书名原文：Wind Turbine Technology：Principles and Design
ISBN 978-7-111-59871-8

Ⅰ. ①风… Ⅱ. ①穆… ②薛… Ⅲ. ①风力发电机 Ⅳ. ①TM315

中国版本图书馆 CIP 数据核字（2018）第 091239 号

机械工业出版社（北京市百万庄大街22号　邮政编码100037）
策划编辑：顾　谦　责任编辑：间洪庆
责任校对：樊钟英　封面设计：马精明
责任印制：张　博
三河市国英印务有限公司印刷
2018 年 7 月第 1 版第 1 次印刷
169mm×239mm·14.25 印张·311 千字
0001— 2800册
标准书号：ISBN 978-7-111-59871-8
定价：79.00 元

凡购本书，如有缺页、倒页、脱页，由本社发行部调换

电话服务　　　　　　　　　　网络服务
服务咨询热线：010 – 88361066　机 工 官 网：www. cmpbook. com
读者购书热线：010 – 68326294　机 工 官 博：weibo. com/cmp1952
　　　　　　　010 – 88379203　金 书 网：www. golden – book. com
封面无防伪标均为盗版　　　　教育服务网：www. cmpedu. com